プラネタリウム解説員が
本気で伝えたい

星座と星めぐり

コスモプラネタリウム渋谷
星空解説員・永田美絵ほか

中央公論新社

はじめに

みなさん、ようこそコスモプラネタリウム渋谷にお越しくださいました。

渋谷駅から徒歩5分、さくら坂という坂道を上ると丸いドームが見えてきます。渋谷区文化総合センター大和田の12階がコスモプラネタリウム渋谷です。

渋谷という都会の中で満天の星が見られる唯一の場所。

渋谷からみなさんを宇宙へご案内する場所。

きょうはのんびりと星空を眺めて日ごろの疲れをとってくださいね。


プラネタリウムには星空を案内する解説員がいます。

案外知られていないのですが、私たち解説員には決まった原稿がありません。

みなさんと一緒に空を眺めながら、機械操作をしながら解説していますので、準備した原稿を読むことができないのです。

だからこそ、その日のお客様に合わせたお話ができます。大人の方が多ければ大人向けに、お子様が多ければお子様向けに。各解説員の個性や想いがより伝わるのではないかと思っています。

投影が始まると、丸いドームに星空が映し出されます。プラネタリウムの空は、本物の空をぎゅっと小さくしていますので、席によって頭の真上の空「天頂」の様子は異なります。プラネタリウムの場合は、ちょうど機械の真上あたりです。

星座探しには方角がとても大切です。

夜空の星は時間によって動いて見えるからです。南の空を見ていると、星は東からのぼり南を通って西へ動いて見えます。そして北を向いていると北極星を中心に反時計周りにまわるように見えます。

コスモプラネタリウム渋谷は多くの席がだいたい南を向いていて、午後8時の星空からご案内します。ですからプラネタリウムで星座を見た日、午後8時に南を見上げたら、プラネタリウムでご覧いただいた星座が探せる、ということになります。

コスモプラネタリウム渋谷では、現在8名の解説員と頼りになるスタッフのみなさんでプラネタリウムに関わる仕事をしています。そして、あえて生解説にこだわった運営を打ち出しています。

はじめに

それは東京都心にある多くのプラネタリウムは、あらかじめ完成させた映像番組を投影することが多かったから。美しく迫力のある映像と有名な声優さんの声による番組は素晴らしいのですが、渋谷区のプラネタリウムはあえて真逆にいこうと決断しました。新しいカルチャーを生み出す渋谷で、あえてほっとできる空間。人が人に語るライブ感があるプラネタリウム。これこそ渋谷らしい、と考えたのです。

本書は「今夜の星めぐり」という番組がもとになっています。この番組は解説員８名が演出からＢＧＭまで自由に構成して、その日のお客様に合わせた40分間のプラネタリウム投影を行います。

日の入りから日の出までの星を語るという内容ですから、目新しい星のお話はないかもしれませんが、そこは個性豊かな解説員の語りの妙を楽しんでください。解説員ごとに見事に内容もノリも違いますよ。毎回感心してしまいます。

それでは、ここから８名の解説員が星座や宇宙の話をしていきます。

どうぞごゆっくりお楽しみください。

コスモプラネタリウム渋谷　チーフ解説員　永田美絵

目次

秋の章

冬の章

員 紹 介

✧ 癒しの星空解説員　永田美絵

大学卒業後、天文博物館五島プラネタリウムを経て、現在（株）東急コミュニティー運営のコスモプラネタリウム渋谷チーフ解説員。NHK ラジオ「子ども科学電話相談」の天文・宇宙ジャンルの回答を担当。著書に『星と宇宙のふしぎ109』『天体のふしぎがわかる星と星座の図鑑』など多数。星空解説員としては「寝落ち率№1」を誇る。

✧ 伝説のプラネタリアン　村松 修

1974年より天文博物館五島プラネタリウムに技術職として勤務し、プラネタリウムにかかわって半世紀。現在も星空解説員として、プラネタリウム解説コンサルタントとして天文普及活動を続ける。アマチュア天文家として「串田・村松彗星」などを共同発見。天文学由来のアカデミックな内容を朗らかに語る名調子で知られる。

✧ 星空を切りとる解説員　村山能子

星空解説員のかたわら切り絵作家としても活動する。星座にまつわる伝説のワンシーンや神々の姿、誕生日の星座、風景画などを繊細な切り絵作品として作成、星座とコラボレーション投影を行う。ちょっとトリビアな星のネタを切り取る解説はオトナ女子から人気。

✧ 旅する星空解説員　佐々木勇太

天文光学機器メーカー勤務を経て、解説者になるため星をテーマに世界一周の旅へ。43ヵ国 145 都市を訪れ、世界各地の天文台やプラネタリウム、星空の美しい土地を巡る。現在も「いつでもどこでも、今すぐここでも星活を」を信条として全国津々浦々への「星旅」を続ける。

星空解説

✧ 星を詠む和みの解説員　西 香織

幼い頃からプラネタリウムに通い、宇宙へのまなざしを養う。会社員を経て解説の道へ進むと、天体にまつわる和歌や俳句を多く紹介するようになり自分でも詠むように。自然科学から歴史、文学まで網羅しながら好奇心を刺激する詩歌のような星語りは、幅広い世代から支持を得る。

✧ 星空MC　田畑祐一

普段はお笑い芸人（吉本興業所属）としてマイクの前に立ち、プラネタリウム解説員も続ける二刀流。星の一つ一つに常識では考えられない世界が存在すること、毎日変わる星空の演者たちを丁寧に伝えようとしている。星は見つけるより語りたい派におすすめのユーモアたっぷりの解説に定評がある。

✧ 笑顔の星空案内人　小久保史織

元気に明るく、ときにはしっとりと。解説を聞いた人を元気にさせる投影で、観る人を前向きに、心を笑顔にしてくれる。番組ごと、客層ごとに話し方や話す内容を変えて、その時限りの投影に全力を尽くす。声色を駆使して子どもから大人まであらゆる世代を楽しませる声の職人。

✧ 彩りの星空解説員　宮原里菜

渋谷のような都会で星をみつけるには？　満天の星が輝く中でも絵を描くように星座を辿るには？　解説では自分の好きな星座を実際の空で見つけるコツを伝えたいと考える。若手 No.1 解説員ならではの選曲とやわらかい語りは、同世代はもちろん幅広い層に親しまれている。

装画・挿絵　嶽まいこ
装幀　山影麻奈

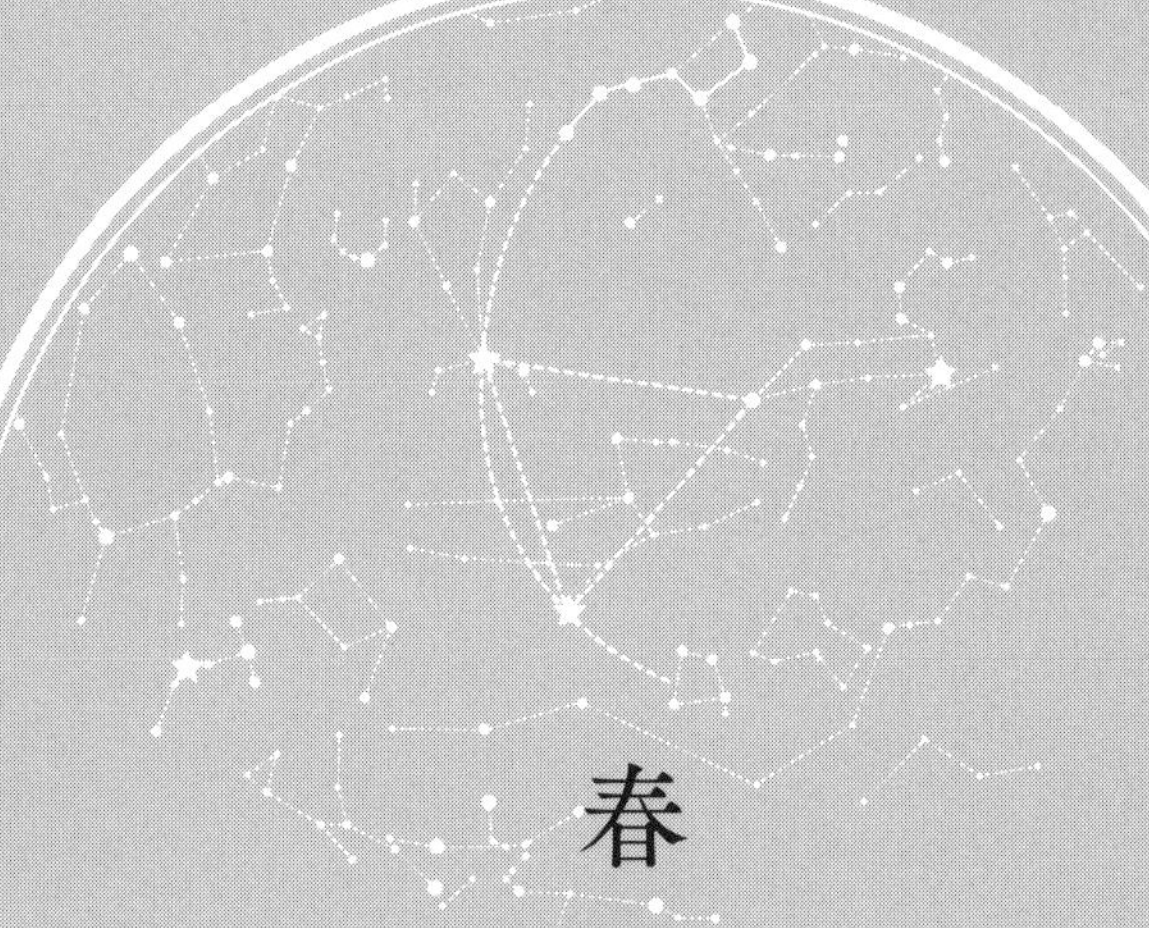

春の章

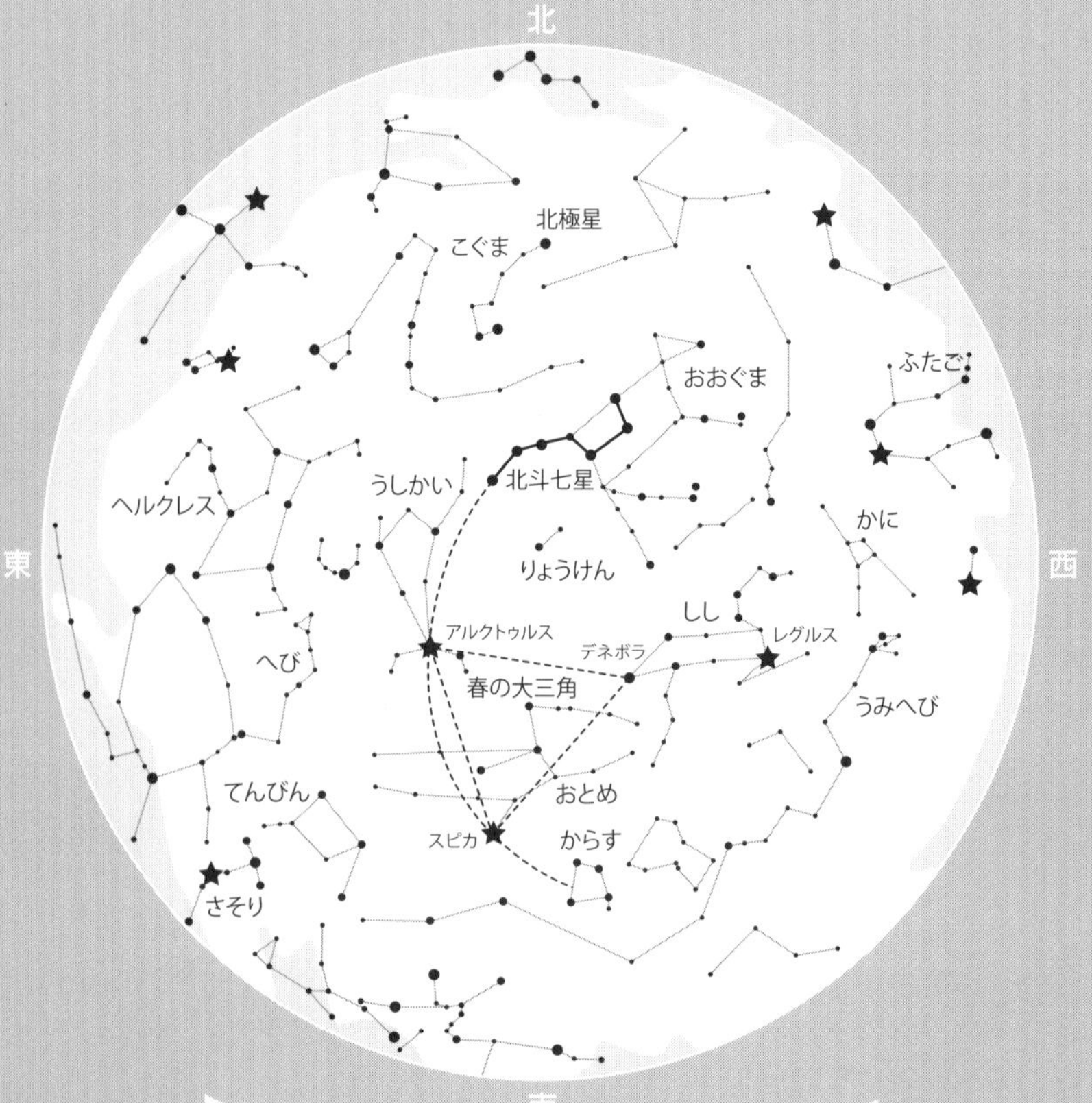

4月下旬22時頃、5月下旬20時頃 東京の空

国立天文台

星に魅了された旅人、北極星に守られる

佐々木勇太

地球を一周、星の旅

読者の皆さまにご案内いたします。

これから「今夜の星めぐり」というプログラムをはじめます。「コスモプラネタリウム渋谷」で実際に投影している解説です。プラネタリウムの満天の星と、解説員による個性あふれる星座の解説をたっぷりとお楽しみください。

私たちは、星空の解説をするとき、決まった原稿を読むわけではありません。なぜならば、今日の星空は「今日しか見上げられない星空」だからです。それは旅と同じで「一期一会」と言えます。

そしてその星空をともに見上げ、解説を聴いているあなたとの出会いも同じです。あなた自身がこの世に一人しか存在しないということはもちろん、今日、プラネタリウムを訪れる理由もそれぞれなのだろうと想像すると、ここでの出会いは一生のうちで一回限りの特別なものとなります。

そんな今日という日にこの章を担当できることを心より嬉しく思います。

現在、コスモプラネタリウム渋谷には8人の星空解説員がいます。そしてそれぞれ得意分野や特徴に合わせたキャッチフレーズを持っています。今回、この章を担当させていただく私の場合は「旅する星空解説員」とつけられています。理由は、1年5ヵ月43ヵ国におよぶ、星やプラネタリウムをテーマにした世界一周の旅の経験があるからです。

その経験をもとに、皆さまがまるで旅をしながら星空を楽しめるよう、ご案内してまいります。

改めて、自己紹介をさせてください。「旅する星空解説員」の佐々木勇太と申します。

学生時代にプラネタリウムを好きになり、それを通して星空を見上げるようになりました。それまではバスケットボールやバンド活動に明け暮れており、学生時代の専攻は哲学と、まったく別の分野を勉強していました。

それゆえに、プラネタリウム解説員になりたい！　と志したとき、知識では他の解説員に追いつけないと感じたため、知識ではなく「体験」から星を語れる解説員になろうと思い、星をテーマとした世界一周の旅を決意。世界各地の天文台やプラネタリウム、星空のきれいな場所を自分の足で巡り、各地の星をこの目で見上げ、耳で現地の話を聞いて帰ってきました。

現在はその経験を活かしながら、このコスモプラネタリウム渋谷で夢だった星空解説員として働いています。そのかたわら、最近では世界各地の星空ツアーのガイドとしても活動しています。毎年夏にモンゴルへ1～2回行き、「飛鳥Ⅱ」というクルーズ船で星空案内をしたこともあります。

今まで行ってきた国を地図で塗りつぶしているのですが、ロシア、中東、アフリカ以外のほとんどの地域を旅したことになります。

世界一周のルートをご紹介すると、日本からまずはオーストラリアを中心としたオセアニア、そこからインドネシア、東南アジア。

続いて中国やモンゴル、さらにはインドなどのアジア諸国を回って、中東の一部とヨーロッパをぐるりと周遊しながら北上、そしてアメリカ大陸に渡って、南北アメリカ大陸を縦断しながら、その周辺の島々にも寄って帰ってきた。それが1年5ヵ月43ヵ国１４５都市というルートでございます。

世界には本当に星のきれいなところがたくさんありました。将来は、世界を自由に旅しながら、毎日その国々の星を見上げながら過ごしたいと思っています。そして、自分なりに見つけた「世界の星空の特等席」を皆さまと共有し、いつかそのどこかの場所で一緒にその星空を見上げるのが夢です。

それでは、これまでに訪れた星が綺麗なスポットのエピソードとともに、春に見てほしい星と星座を紹介しようと思います。

✦日の入りという天文現象を眺めて

ここ渋谷は、私が旅をしてきた中でも世界有数の星が見えない街、といえるでしょう。人工の光による街の明るさもありますが、そもそも高いビルが多いために空がずいぶんと狭くなっています。でも、展望台やビルの屋上のような他の建物よりも高い場所、丘の上や大きな川のそば、広い公園など上空が開けている場所で空を見上げれば、星が見つかる可能性も高くなります。

そしてプラネタリウムでは普段、地上２００メートルの高さで空を見上げているかのような風景（を見られる特等席）をご用意しています。

時刻は夕方前に設定しています。

青い空に雲、そしてその空の中には唯一輝く星・太陽が見えています。この太陽は私たちの地球に一番近い恒星のひとつ。

その太陽がこれから沈みます。地球が回っているからこそ、沈んでいく姿が見えるわけです。太陽が沈む「日の入り」は、毎日見ることができる立派な天文現象です。まずはその様子を眺めながら、今夜の星空を迎えていくことにいたしましょう。

改めて、夕方ごろに西の空を眺めているイメージをしてみてください。今、太陽は低く沈んでいこうとしています。

日の入りの時刻は毎日刻々と変わっていきますが、春の東京付近はおおよそ18時前後。その時間、皆さまは何をしているでしょうか？

もしできることなら、そのタイミングで、実際に空を見上げていただきたいと思うんです。少し雲があっても夕陽色に美しく染まっていく空の色を楽しめるはずです。

さらにうまくいけば太陽が沈んでいく様子を眺めることができるでしょう。

地平線に近くなるほど、太陽が沈んでいく速さを実感しやすくなります。それは人の目が、動かない対象物を同時に見ることで、動きを実感しやすくなるからと言われます。星の動きの速さを改めて実感できる貴重な瞬間です。

私はこの「日の入り」を眺める時間が好きです。それは私たちが生きる「本来のペース」を思い出せるからです。

私たちは古来より星の動きを観察し、規則性を見出し、そのスピードを基に「時間」という尺度を生みだしました。そして現在も日常のあらゆるところで目安として使っています。それは時間が常に一定に動いているからです。でも時に早く感じたり遅く感じたりしてペースを乱されたり、縛られ過ぎて疲れてしまったりすることもありませんか？

そんな時、時間の基となった太陽や星の動きを日の入りという現象を通して感じることで、本来のスピード感を思い出せる気がするんです。そしてその時こそ、人が真にリラックスしている瞬間といえるのではないでしょうか？

だから私はできる限り毎日、日の入りの時間に空を見上げ、太陽を見送ります。そしてその太陽はこれから別の国の人々も見上げる可能性があるんです。私たちはまるで太陽をバトンとして、それぞれの生活をつないでいるような……。だから夕陽を見送った時、私はこの地球に同じく生きているさまざまな人や生き物、その命にも思いを馳せてしまいます。

太陽が沈む直前から星が輝くまでのわずかな間をマジックアワーと呼んでいます。空の色がまるで魔法のように変化していく時間帯。ぜひ、空の色のグラデーションを楽しんでいただきたいです。

さて、空がだんだん暗くなってくると、星たちの出番です。

みなさんの今日の一番星はどの星でしょうか？

一番星はいつも決まっているわけではありません。あくまでその時に一番最初に輝く星が一番星だからです。特に明るい星がなりやすいですが、とはいえ最初に見つける星が必ずその星とも限りません。皆さまが、その日最初に見つけた星を一番星として構わないと思いますので、まずはぜひその星を愛《め》でてみてください。

こうして星を見上げながら、遠くにいる人や世界に思いを馳せてみてはいかがでしょうか。私は星を見上げることで世界中の人々とつながることができると本気で信じています。

なぜなら、私たちが先ほど見送った夕陽はこれから世界のどこかの国の朝日にもなりますし、今見上げている星は、少し前まで他の国の人々が見上げていた星かもしれません。地球上のどこにいても、太陽や月、星は私たちに同じ姿、光を届けてくれているのですから。


インターネットが発達し、リアルタイムで簡単に風景や情報を共有することができますが、私たちは昔から、実は同じもの、つまり星を見上げ共有していたんですよね。

（少なくとも日本国内であれば北海道でも沖縄でも）夜を迎えるタイミングはおおよそ同

じです。

夜空を見上げ、星を見つけたり見つめたりする時、もしかしたら、まったく同じ瞬間に同じ星を見上げ見つめている人がいるかもしれません。

だとすれば、その瞬間、私たちは同じ星の光でつながっていると言えないでしょうか。星を見上げるときは、遠くの国々やそこに住む人々と星でつながっている、と今この瞬間に思いを馳せてみてほしいです。


さあ、渋谷は間もなく夜を迎えます。いよいよ都会でも見つけやすい星をご案内していこうと思います。

都会で星探し

時刻は夜の8時となりました。

「東京で星は見えない」といわれますが、その思い込みを捨てて見上げてみると、意外と星が多く見えたりします。確かに満天の星とは言えませんが、少なくとも明るい星はいくつか輝いているはずです。大切なのは、改めて「見上げる」ことと、星の見つけ方のコツを摑むこと。

そこで、春に見つけやすい星の並びや星座をご案内します。

星空は季節とともに大きく変化していき、それぞれの季節に特徴があります。私にとって春の空は、星の見つけやすさの点で、ほかの季節と比べてちょっと難易度が上がるのですが、一度見つけてしまえば印象深く、一生モノの星や星座ばかりです。

一度目線を頭の真上に向けて頂き、そこからさらに北の方角には、都会でも比較的見つけやすい明るさの7つの星が、特徴的な星の並びを作りながら輝いています。なかなか見つけづらいという方は、神社で水をすくう道具・ひしゃくの形を思い描きながら探してみてください。小さなお子様は、フライパンや片手鍋のような形をイメージしていただくとよいでしょう。

かつて空を見上げ、様々な星座や神話を語り継いできた古代の人々も、すばらしい想像力を持っていて、さまざまなものに見立ててきました。

古代中国では王様が乗る「馬車」や荷物を運ぶ「荷車」といわれていたそうですし、古代エジプトでは「牛の前脚」に見立てていたそうです。牛の前脚は神にささげる供物の一つと言われており、それゆえに重要だったため、このように星の並びに反映されたのではないか、といわれています。

では、改めてひしゃくの形を念頭に置きつつ7つの星の並びが見えたら、それが「北斗七星」です。ちなみに北斗七星は中国からはいってきた呼び名ですが、北斗の「斗」という字は「柄杓《ひしゃく》」という意味を持っているそうです。つまり中国の人々もこの星の並びを、日本人と同じように捉えていたということです。

北極星の重要性

次に、北斗七星をひしゃくに見立てた時、水をすくう先頭部分の2つの星を結んで、その長さを5倍延ばしていきます。

そこにはひとつの星が見つかるはずです。名前はポラリス。こぐま座の尻尾の先にある星です。これが現代の北極星となります。

北極星は全天の星座を作る星の中で唯一、ほとんどこの場所を動きません。常に一定の方角に輝いており、私たちに「方角」を教えてくれます。

北極星を見つけたら目線をまっすぐ地平線へ落としていくと、その方角が北となります。

北がわかればあとは相対的に方角が割り出せます。

北の反対側が南、そして南を向いたら左手が東、右手が西となります。

東と西は時にどちらがどちらの方角か大人でも混乱することがありますが、その覚えやすいコツとして南を向いた時には、「同じ『ひ』がつく方が一致」します。

つまり、「左《ひだり》」が「東《ひがし》」です。それがわかれば、西もわかりますよね。


その昔、旅人はこのようにして方角を確認していたと言います。たとえば砂漠の民ベドウィン、モンゴルの遊牧民たち、海の船乗りたち——。彼らはそれぞれ砂漠、草原、海と広いフィールドを旅しながら生活していました。

旅の途上で方角を見失えば遭難につながり、最悪の場合、命を落としてしまうかもしれません。そんな彼らにとって北極星を探し、方角を見定めるというのは、目的地に無事たどり着くために、ひいては生き延びるために重要なスキルでもありました。

春の章

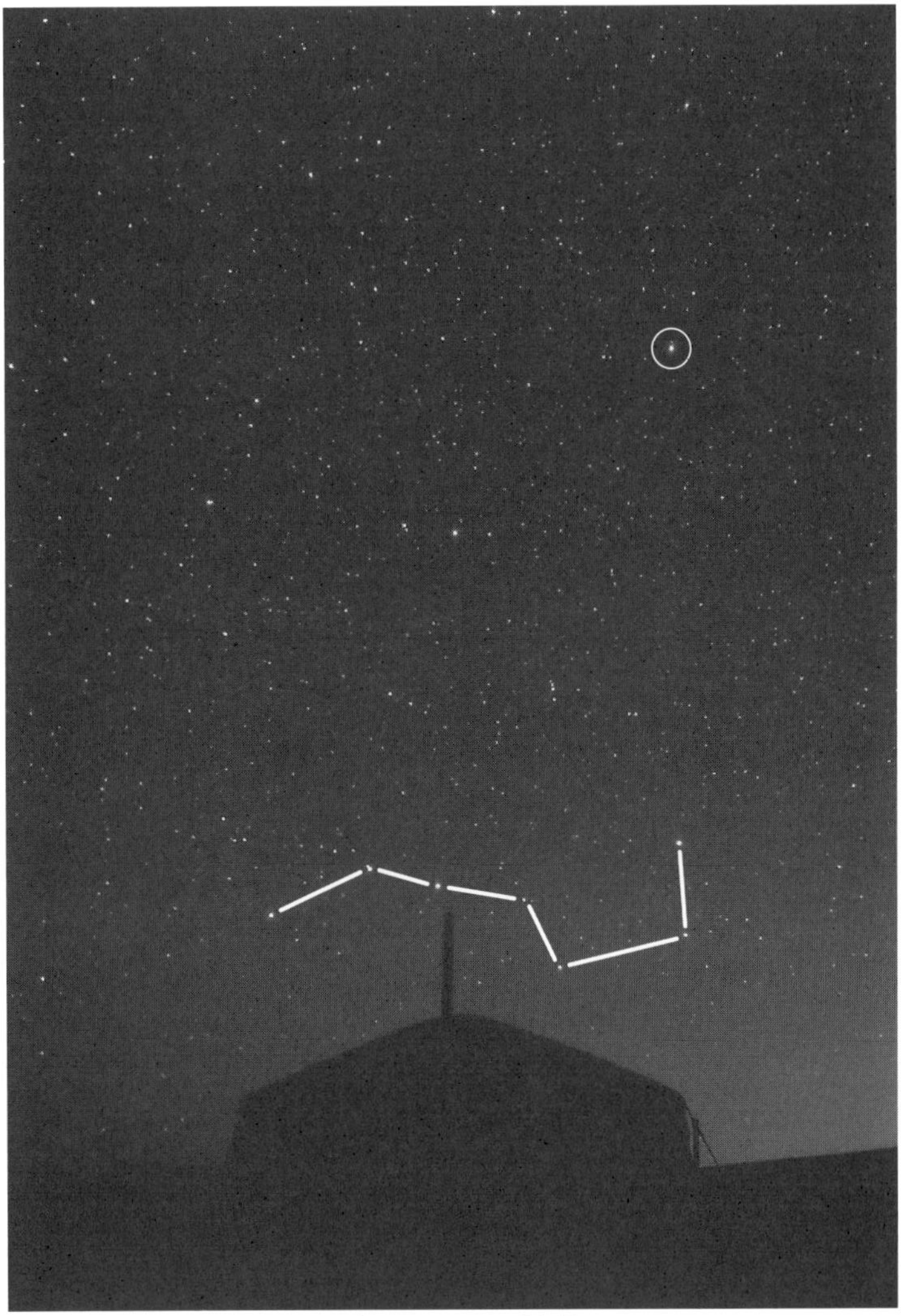

モンゴルのゲルの上に北斗七星。丸く囲んだのは北極星。

✦砂漠で助けてくれたのは

現代の私たちは北極星が見つけられずとも、昔の旅人ほど困りません。北極星が見つけられなくても方位磁石という道具もありますし、スマホや地図アプリもある。

でも、僕自身、北極星に助けられたことがあります。

インドネシアのある島をバイクで駆け巡っていたら、いつのまにか夜になり、おまけにスマートフォンの電池も切れてしまって、島のどこにいるかわからなくなってしまいました。

途方に暮れかけて空を見上げると、そこには北極星。

確か自分は島の南の方から来たはず、と、北極星を背に北と反対側、つまり南へ向かった結果、無事に宿にたどり着くことができたのは、不幸中の幸いでした。とはいえ、向かっている最中、背中に北極星を確認しながら、「かつての旅人もこんな感じだったのかな」と想いを馳せることができたのは印象的な思い出です。

また別の時のこと。僕は砂漠にいました。砂漠は街から離れ、人工の光が届かず、星が綺麗に見える条件が整っている環境でもあります。

待ちに待った夜に美しい星空に誘われて、テントの外に出て眺めていました。

人間の目は「暗順応」と言って、目が慣れてくればよりたくさんの光を捉えられるようになり、星もたくさん見えてきます。すると同時に、自分のベースキャンプの些細な明かりも気になってしまい、テントを離れ、より遠くへ遠くへと移動していきました。

やがて真の暗闇へたどり着きました。星空は素晴らしいものでした。十分に満足して、ベースキャンプに戻ろうとした時、事件は起こりました。あまりにも真っ暗で、どちらにベースキャンプがあるのかまったくわからなくなってしまったのです。

ただ、念のためベースキャンプで一度、北極星を見つけていました。暗闇へ移動しながらも何度か確認していたため、北極星を頼りに帰りつくことができました。

この時、あらためて夜の暗闇が恐怖と不安を一気に呼び起こすことを味わわされました。同時にベドウィンやかつての旅人たちのすごさも知りました。彼らが星を見上げ、活用するスキルと知識の大切さを身をもって実感したのです。

万が一にもそんなピンチが訪れてしまった時のために、北極星の探し方を覚えておいてくださいね。

✦惑星を見て思うこと

惑星は、都会でも比較的見つけやすい星が多いです。

私たちの住む地球から見ることができるのは、主に太陽の周りをまわる太陽系の惑星たち。

「水《すい》・金《きん》・地《ち》・火《か》・木《もく》・土《ど》・天《てん》・海《かい》」と覚えた方もいるでしょうか。

地球もその太陽系の惑星のひとつですが、太陽系の惑星は夜空に輝くほかの星に比べ、地球から比較的近い距離にあるため、明るく見えるものが多いです。

特に宵や明け方に見えることが多い金星や、火星や木星、土星などは都会でも見つけやすい惑星です。

ところが明るさでは見つけやすい反面、いつも決まった位置にいるわけではありません。

そういう点では少し難易度が高いですが、その惑星を見つけ、見上げることで私たちは自分たち自身やその人生について、とても大切なことを思い出せるとも思います。それは「私たちの生きる一日一日は、かけがえのない特別な時間である」ということ。

惑星は太陽の周りをそれぞれのペースで回っています。

地球は一年で一周し、ほかの惑星もそれより短い、あるいは数年~数十年という長さで移動していきます。

その惑星を私たちは地球という星空の特等席から眺めているのですが、それぞれの位置や距離感、どの星や星座の位置に輝いているか、またそれが地球の1日の中でどの時間帯か（見えなくても昼に輝いている場合もあります）といったことを掛け合わせていくと、組み合わせは限りなくあり、少なくとも人間の一生のうちに同じ組み合わせになることはほぼないといわれています。

つまり、今日の星空は「今日しか見上げられない星空」なのです。そしてその星の下で生きている私たちの今日もまた、二度とない「かけがえのない一日」ということになります。

時間は一度過ぎれば戻りません。星を見上げる時間は、忙しい現代の私たちにとって、大切なことを思い出すきっかけになるのではないでしょうか。

✦「みなみじゅうじ座」の見つけ方

今日はさらに素晴らしいところへ旅をしていきたいと思います。早速、今いる場所（たとえば東京のあなたの部屋にしましょうか）から、飛びたっていきましょう。

私たちは今、南へ南へと向かっています。

南の方角を見ると、星が少しずつ昇っていきます。反対に北の空の星は、低く沈んでいきます。これは私たちが地球上のある地点から南の方角へ進んでいることを示しています。私たちが世界を旅し、特に北や南に移動するときは、そのように星空も動きます。

このままどんどんと南下して赤道を越え、南半球まで行ってみたいと思います。

かつて15世紀中頃から16世紀にかけての大航海時代、北半球の人々は南半球へと出かけていきました。そして今まで見たことのない星を見つけ、新たな星座を作っていきました。

そして、ここ南半球で日本よりも格段に見やすくなるある星座をご案内したく思います。

それは「みなみじゅうじ座」。「南十字星」という名でも呼ばれている美しい星の並びです。北緯25度付近から見え始めるため、日本ではなかなか見ることができない星座でもあります。

でも赤道付近や南半球へ行けば、ぐっと見つけやすくなるこの星座。

では星空をどのように探せば、見つけやすくなるでしょうか?

今、その星空を見上げています。この中に、みなみじゅうじ座を探してみてください。

私も最初はなかなか見つけられませんでしたが、旅の経験から、みなみじゅうじ座を探すコツを自分なりに見つけましたので、ご紹介します。

まずは日本の星空、しかも都会でも見つけられる星の並び「冬の大三角」を利用してみたいと思います。

① 冬の代表的な星座でもあるオリオン座の東側高い方に輝くのは、明るく赤い星ベテルギウス。オリオン座の中心に並ぶ3つの星を結び、東の低い方へ目線を延ばすと全天で一番明るく輝いて見える星がシリウス。その2つの星と逆三角形を作るようにイメージしながら探していくと見つけやすくなるプロキオン。
　この3つを結んで冬の大三角となりますが、その中で一番明るく輝いて見える星・シリウスを矢印の先と見立てて、その方向へ目線を伸ばしていきます。

② するとまた1つ、とても明るい星が見つかります。名前は「カノープス」。全天で2番目に明るく見える星です。

③ カノープスを見つけたら、そこから東の空の高い方（左斜め上）へ目線をゆっくり向けていくと、比較的明るめの星で、4つの星が輝いています。それぞれを対角線上に結ぶと、少し斜めに傾いた十字架の形が浮かび上がるでしょうか？

これが「みなみじゅうじ座」――と思ったら、大間違い。実はこれ通称「ニセ十字」と呼ばれる星の並びなんです。では本当の「みなみじゅうじ座」はどこにあるのか？

みなみじゅうじ座の左にケンタウルス座のα星β星が見える。

④ そのまま、ニセ十字よりさらに東へ目線を動かしていきましょう。比較的明るい星が3つ、加えてそれらと十字架の星の並びを作る位置に、少し暗い星が1つ。結んでみるとその十字架の形は、さきほどのニセ十字よりひとまわり小さいものになります。これが本当の「みなみじゅうじ座」です。「みなみじゅうじ座」は全天で88個ある星座の中でも〝一番小さな星座〟と言われています。

⑤ もうひとつの見分けるコツは、すぐそばに明るい星が2つ輝いていること。これはケンタウルス座のα星β星という星です。加

えて特に条件の良い星空では、ケンタウルス座のα星β星からみなみじゅうじ座を挟んで反対側には黒いシミのように見える部分があります。これは「コールサック」、石炭袋ともよばれる天体。星がたくさん輝く天の川銀河の中で、その光を隠すように分布する暗黒星雲が、地球上から見えているものです。

✦ニセか本物か

「みなみじゅうじ座」はこのために星空を見に行く人もいるほど魅力的な星座。時にテレビドラマでもモチーフとして取り上げられるロマンチックな存在です。

しかし実際に「みなみじゅうじ座」を見つけようとすると、「ニセ十字」の方が大きく目につきやすいですし、位置や時間帯としても先に昇ってきてしまいます。そのためにそのニセ十字を見て、「みなみじゅうじ座」だと勘違いし、本当の「みなみじゅうじ座」を見ないで終わってしまう方も多いようです。それはちょっと残念ですよね。

この見つけ方のコツで、ぜひ本物の「みなみじゅうじ座」に出会っていただければ嬉しく思います。

そしてロマンチックな存在としてだけでなく、かつての南半球の船乗りたちの間では、

「みなみじゅうじ座」がみつけられるかどうかは、死活問題でもありました。

北半球では北極星を見つけ、方角の頼りとしますが、赤道を越えた南半球では北極星は地平線に沈んでいて、その方法で方角を割り出すことができません。また南半球には、北極星に対し「南極星」という星は少なくとも現在、わかりやすい星を割り当てられていません。そこで頼りになるひとつの方法が「みなみじゅうじ座」から方位を割り出すことでした。

「みなみじゅうじ座」の長い辺を約4・5倍延ばした先にあるのが「天の南極」と呼ばれる部分です。天の南極は、地球の自転の中心となる地軸の南側をまっすぐ空まで延ばしたときに行き当たるところで、南天の空の中心部分でもあります。

北半球（北天）の場合は、地軸を北側にまっすぐ延ばした先に、こぐま座のポラリスがあり、現在の北極星となります。北側の星は北極星を中心に反時計回りに円を描くように動いています。長時間かけてその軌跡を撮影した写真は、理科の教科書などにも載っていますね。

南の空も天の南極を中心に、星が北半球とは反対の時計回りに動いているので、その中心・天の南極からまっすぐ目線を落としていけば、南の方角がわかるはずです。

そんなとき、「みなみじゅうじ座」と「ニセ十字」を見間違ってしまうと、その先の方角もどんどん違った方向に進んでしまいます。それはやがて遭難につながり、船乗りたちの命を危険にさらすことになるのです。

✦追いかけてニュージーランド、沖縄、南太平洋

私が初めて「みなみじゅうじ座」をはっきりと見たのは世界一周の旅を始めて間もない頃。ニュージーランドの南島のちょうど中央のあたりにあるテカポという小さな村でした。かつてダークスカイ（旧IDA・国際ダークスカイ協会）によって、世界で最も美しい星空地域の3つに選ばれたこともある星空の名所です。

ほぼ初めて南半球で空を見上げ、南半球の満天の星の中、輝くみなみじゅうじ座を見つけ感動しました。

また帰国後、沖縄に見に行ったこともあります。

北半球では北緯25度付近から全体が見え始めるため、日本のほとんどの地域では見ることができませんが、その緯度に位置する沖縄県であれば見ることできます。

みなみじゅうじ座（下）とニセ十字。ニュージーランド　テカポにて。

ただし、時期は限られます。およそ3月上旬の未明から5月上旬ころ（1月下旬未明、2月下旬夜半過ぎ、3月下旬夜半、5月上旬夜8時頃）。この時期ならば水平線上に輝く「みなみじゅうじ座」をギリギリ楽しむことができます。

しかし水平線上は気象条件により曇ったり、かすんだりして、見えないことも多く、何度かトライしているものの、まだ見たことがありません。

先日、「飛鳥Ⅱ」というクルーズ船に乗って、南太平洋の赤道付近に船旅をする機会を得ました。船での旅はこれまでとは違う独特な旅の感覚を味わうことができました。

晴れ渡る空と目の前から360度広がる海

の景色、淡い青と濃い蒼のツートーンカラー以外何も見えない景色は、壮大な気分にさせてくれます。

しかし同時にそれは夜を迎えた時に恐怖を感じることにもなりました。夜は空も海も真っ暗になり、漆黒の世界。それこそ方角の感覚などはまったくなくなり、進んでいるのか止まっているのかすらわからなくなる感覚にも陥ります。

でも、そこに輝くのが夜空の星たち。

「何もないところには星がある」と考え、私は旅をするのですが、普段はささやかに、かすかにしか輝いていない星たちの光が、これほどまでに存在感を増し、その輝きが心を温め、励ましてくれる心の支えのような存在になりえることを強く感じました。

現代の私ですらそうなのですから、かつての船乗りたちは、その恐怖も星の存在のありがたさも、より顕著に感じられていたのではないだろうか――と想像することができました。

改めて、「みなみじゅうじ座」を見つけるときは、同時にニセ十字も見つけるようにしてみてください。そのほうが空をより楽しむことができるかと思います。

旅は続く

かつての旅人がどのように星を活用していたか。

これは、実際の私たちの生活ではほとんど利用する機会のないお話だと思います。でも、僕が星の話から伝えたいのはその先、です。

人はなぜ、星を見上げるのか？　見上げることで何を見出すのか？

昔の人のように生活のため、生き延びるために星を見上げる必要はほとんどなくなった現代なのに、人の悩みは尽きません。そして悩みの根本にあるものも、星を見上げたはるか太古の時代から、ほとんど変わらないと感じます。これは哲学の発展の歴史を見ても明らかです。

僕が星を見上げるのは、そこに人生をより良く、自分らしく、自由に、そして幸せに生きるためのヒントを思い出すきっかけをもらえるからです。

今回ご紹介した星であれば、北斗七星と北極星が教えてくれるのは、大切なものは、それ単体では見つけづらかったり、忘れてしまったりする。でも、それを見つけやすくする目印や方法を自分で持っておけば見失いにくくなるということ。たとえば、自分の人生の目標を見失わないために、その想いをメモにしていつでも見られるようにしておくとか、写真などに撮影しておく、とか。

また、南十字星が教えてくれるのは、小さな姿でも「88星座中最小」という付加価値をつけることで、皆が見つけたいと思う存在になれるということ。たとえば、バスケットボール部で背が低くても、チームで一番俊足になればレギュラーの座を勝ち取れる、というような。

さらに、いつどこに出現するかわからない流れ星を見つけるコツも同じです。大切なのは「見られるまで見上げ続けること」。叶うかどうかわからない夢を叶えるためには、叶うまで追い続けることと似ています。

星空は人の目が暗闇に慣れれば慣れるほどたくさんの数の星が見えてくるので、「人生、お先真っ暗だ……」といった絶望的な状況でも、微かな光を捉える力を持ち、それによって実は希望はたくさん存在している、ということを思い出させてくれる気がします。

人生を生きるうえで宝物になり得る大切なことを思い出させてくれる星空を見上げるために、これからも旅に出て、そして語り続けたいと思っています。

僕の実際の投影「今夜の星めぐり」ではその時期にオススメしたい旅先と、その場所で見られる星や星座、その神話をお送りしています。よろしければ時期を変えて何度も足をお運びいただき、ご覧いただだいたときには、ぜひ一緒にプラネタリウムの中で星の旅をしていきましょう！

それではまたいつか、どこかの星空の下でお会いしましょう。

春の空、星をつないで弧を描こう

✧宮原里菜

✦星を探してみませんか

星座は一年かけてゆっくりと移り変わり、惑星は惑う星の名のごとく、星座の星の中を、位置を定めることなく動いていきます。

月は新月から満月へ満ちて、また新月に向かって欠けていく。満ち欠けだけでなく見える位置もどんどんと変わっていきます。

時には流星群や日食・月食、彗星などの珍しい天体ショーが頭の上には広がっているかもしれません。仕事に出かけ、帰って、朝が来たらまた仕事へ……。同じような日々を送っている方の頭の上にも、日々違う星空が輝いているのです。

星が見えている時間だけではありません。季節の変化に富む日本では、道端の景色も季節によって変わっていきます。

普段、何気なく見上げている星空に、知っている星や星座が増えたら、お気に入りの星座の神話を思い出せば、空を見ている時間は今までよりもきっと楽しくなるはず。

春の星空を眺めながら、この本をお供に星を探してみてください。

日の入り・暦の話

今の私たちにとって、カレンダーがない生活は考えられないですよね。カレンダーで使われている日付の決め方には、天文学が大きく関わっています。時間や季節を知るために太陽や月・星の変化をもとに暦を作り、天文学の発展に合わせて、より正確なものを使うようになったのです。

今の暦は太陽の動きに基づいて作られたグレゴリオ暦です。

一方、かつての日本は、中国から伝わってきた太陰太陽暦と呼ばれる暦を用いていました。今の私たちからすれば古い暦ということで、旧暦とも呼びます。旧暦は、月の満ち欠けと太陽の動きをもとにして作られました。

旧暦には大きな欠点があって、月日は季節に対して1年に約11日ずつ前にずれてしまいます。農耕を行うには、正確な季節を知る必要がありました。そこで、旧暦の他に「二十四節気」を取り入れたのです。

二十四節気は、約15日間で移り変わります。二十四節気よりもさらに細かく、一年を72等分、約5日に分けて表す「七十二候」もあります。

二十四節気は、「立春」「夏至」など漢字二文字ですが、七十二候は「東風解氷《はるかぜこおりをとく》」など漢文のような表現が特徴的です。鳥の声や花の咲くころ、風の吹き方といった気象の変化、私たちが暮らすこの日本の自然の移ろいを美しく表します。

二十四節気の春の始まりは例年2月4日頃の「立春《りっしゅん》」。寒さが続く頃で、旧暦では、立春に近い新月の日が元日です。昔は、冬の寒さから抜け出す時期から「春」と定義したのです。

次に「雨水《うすい》」。段々と暖かくなり、空から雪ではなく雨が降り始めるころ。

続く「啓蟄《けいちつ》」は、生き物が冬眠から目覚めるころです。この期間中の七十二候に、素敵な言葉があります。

「桃始笑」と書いて「ももはじめてさく」と読みます。なんて可愛らしい素敵な言葉でしょうか。もっとも、プラネタリウムでこの話ができるのは、ほんの5日間程度なのですが……。話すたびに桃が咲くようにぱっと晴れやかな気持ちになります。

啓蟄の次は「春分《しゅんぶん》」。昼と夜の長さがほぼ同じになる日です。太陽は朝、真東から昇り、真西へと沈んでいきます。

世界ではmidsummer、夏至にお祭りを行うところが多いのですが、日本では、なぜ春分と秋分が祝日なのかご存じですか？　これは、宮中祭祀の皇霊祭が由来になっています。天皇が歴代天皇、皇后の皇霊をまつる儀式の日です。

仏教でも春分・秋分が重要で、日本では極楽浄土が西にあると考えられていました。ですから太陽が真西に沈む日こそ最も極楽浄土に近く、仏事を行うのに適しているとされています。

春分が過ぎれば今度は「清明《せいめい》」。春の暖かな日差しを受けて、天地万物が清らかで生き生きとする頃。新学期・新年度が始まります。

清明のあとは、雨の多い時期がやってきます。「穀雨《こくう》」。これも読んで字のごとく、穀物を潤す雨が多い時期を表しています。夏の夕立に比べると、しとしとと長い時間降るのが

二十四節気　一覧

春	立春（りっしゅん）	寒さも峠を越え、春の気配が感じられる
	雨水（うすい）	陽気がよくなり、雪や氷が溶けて水になり、雪が雨に変わる
	啓蟄（けいちつ）	冬ごもりしていた地中の虫がはい出てくる
	春分（しゅんぶん）	太陽が真東から昇って真西に沈み、昼夜がほぼ等しくなる
	清明（せいめい）	すべてのものが生き生きとして、清らかに見える
	穀雨（こくう）	穀物をうるおす春雨が降る
夏	立夏（りっか）	夏の気配が感じられる
	小満（しょうまん）	すべてのものがしだいにのびて天地に満ち始める
	芒種（ぼうしゅ）	稲などの（芒のある）穀物を植える
	夏至（げし）	昼の長さが最も長くなる
	小暑（しょうしょ）	暑気に入り梅雨のあけるころ
	大暑（たいしょ）	夏の暑さがもっとも極まるころ
秋	立秋（りっしゅう）	秋の気配が感じられる
	処暑（しょしょ）	暑さがおさまるころ
	白露（はくろ）	しらつゆが草に宿る
	秋分（しゅうぶん）	秋の彼岸の中日、昼夜がほぼ等しくなる
	寒露（かんろ）	秋が深まり野草に冷たい露がむすぶ
	霜降（そうこう）	霜が降りるころ
冬	立冬（りっとう）	冬の気配が感じられる
	小雪（しょうせつ）	寒くなって雨が雪になる
	大雪（たいせつ）	雪がいよいよ降りつもってくる
	冬至（とうじ）	昼が一年中で一番短くなる
	小寒（しょうかん）	寒の入りで、寒気がましてくる
	大寒（だいかん）	冷気が極まって、最も寒さがつのる

（国立天文台 HP こよみ用語解説より筆者作成）

ポイント。特にこの穀雨は、ゴールデンウィークよりも前のタイミングです。疲れがたまってくる時期ですが、恵みの雨、と考えると、優しい気持ちになれませんか？

季節の変化は、太陽の周りをめぐる地球の自転軸が23・4度傾いた状態で公転していることに関係があります。地球上の日本の位置も季節の変化を感じやすくさせています。

宇宙を感じられる瞬間というのは、日没後の星が見える時間だけではありません。太陽があって、地球があって、日の光をエネルギーにして育つ生命がある。星を見上げる前には、花の香り、天候の変化、鳥の鳴き声、植物の芽吹き――。彩りにあふれた季節の移ろいを感じてみてくださいね。

神話に見る2頭の熊

春分の日を過ぎたあたり、3月下旬の午後9時頃には、冬の華やかな空から、どこか落ち着きのある、優しく輝く春の時期の星空へと移り変わります。

星は、明るさで区分けができて、一番明るいグループが一等星、その次が二等星。渋谷のような大都会では、見つかる星は数えられる程度です。まず、街の明かりやスマートフォンの光から目を遠ざけます。そのうえで、お天気がよい時に一等星とようやく二等星が合わせて十数個ほど、でしょうか。

都会のように星が見えない場所でも、山奥のたくさん見えている場所でも、星座を探す基本は、目印になる星を見つけること。

星座以外にも特徴的な形や目印になる星たちに名前をつけた「アステリズム」と呼ばれるものがあります。星のニックネーム、と考えるとわかりやすいでしょうか。有名な北斗七星はその代表格です。

わかりやすいアステリズムの形を手掛かりに、隣の星座、さらに隣の星座、と見ていきましょう。そうすることで探したい星座が暗い星で構成されていても、目印を使えば、あのあたりに見えているのかなあ、と思いを馳せることができます。


春の星で最初に探してほしいのは「北斗七星」です。星に詳しくない方も、名前は聞いたことがあるのではないでしょうか？

ほくとしちせいの「ほく」は北、「と」とは神社で手や口を清める時に使うひしゃくの意味です。そして「しちせい」は七つの星。その名の通り、7つの星を使ってひしゃくに似た7つの星の並びを探し出してみてください。4月の中旬は20時の空、頭の真上に輝いていますよ。わかりやすいようにひしゃくの水を汲む先端から順にほ・く・と・し・ち・

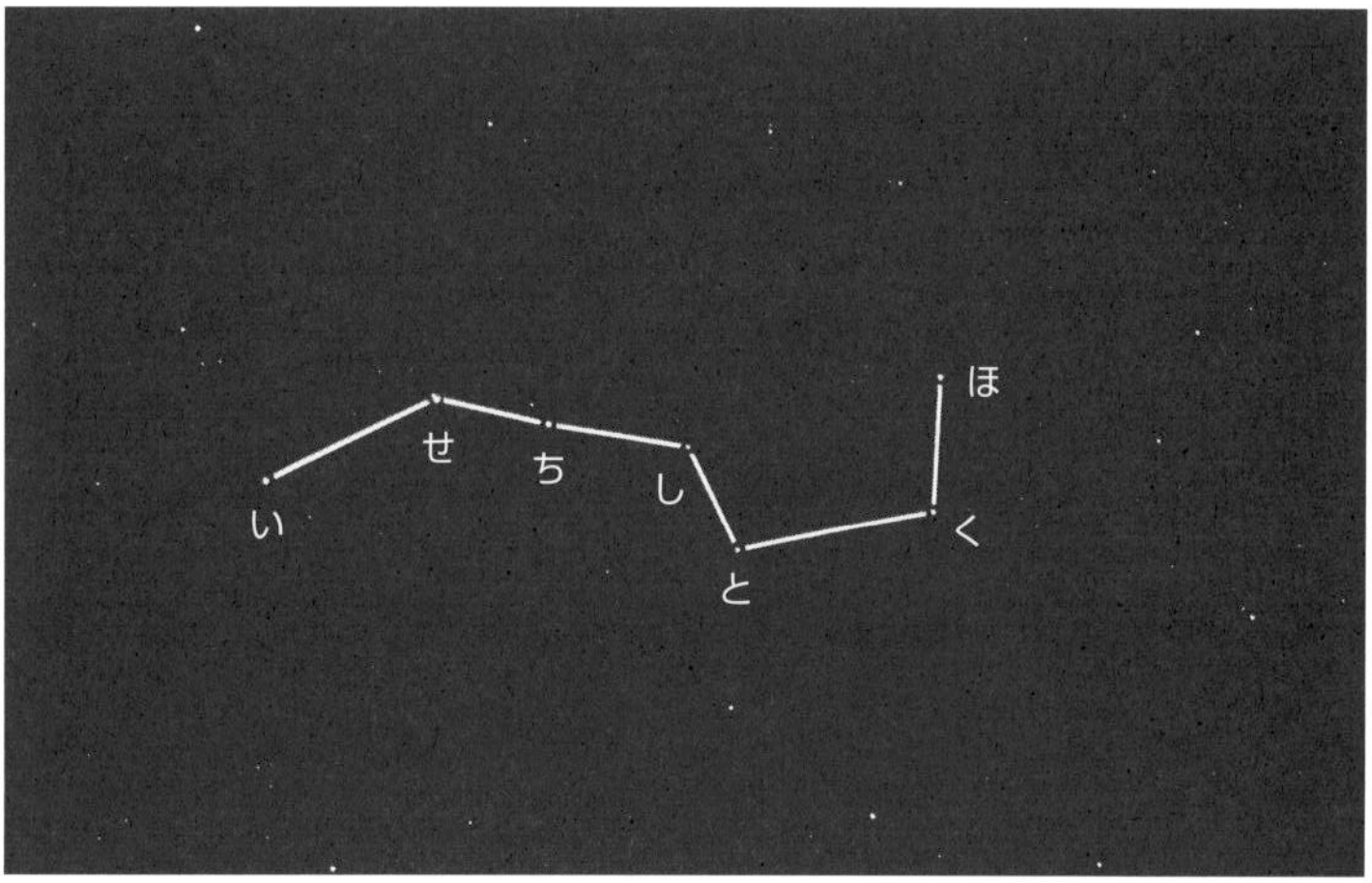

せ・い、と文字を割り当てておきましょうか。
北斗七星は二等星が6つと三等星が1つで構成されています。渋谷のような都会では、四番目の「と」の星は見つけづらい、という日がほとんど。ただ、見つけづらい、と知っていれば案外すっと探せるようになります。ゆっくり時間をかけて目を暗闇に慣らしてみてください。

さて、北斗七星はある星座の一部なので、一緒に姿を想像してみましょう。
ひしゃくの水を汲むところから少し離れた場所に三角形の星の並びを見つけましょう。これが顔。顔の三角の横から北斗七星の持ち手の星の直前までが大きな背中です。この星座のつま先の部分には、2つ星が並んでいるのがポイントです。前足と後ろ足が二本。最後に、ひしゃ

こぐま座、おおぐま座

くの持ち手部分は長いしっぽです。動物の姿に見えてきましたか？
これが「おおぐま座」です。おおぐまの背中からしっぽにかけてが北斗七星というわけです。
目線をまた北斗七星へと戻して、別の重要な星を見つけましょう。
「ほ」と「く」の２つの星を結んだ長さを、水を汲む方向へ５つ分、長さを伸ばしていきましょう。こうして見つけた星が北極星。北極星はこぐま座のしっぽの星、二等星のポラリスです。

いま見つけた２頭の熊にまつわる神話をお話ししましょうか。
カリストは月の女神アルテミスに仕える美

しい妖精です。その美しさは神々の王ゼウスの目に留まりました。ゼウスは月の女神の姿に化けてカリストに近づき、カリストはゼウスの子どもアルカスを授かります。このことに怒った月の女神は、カリストを熊の姿へと変えてしまうのです。カリストは泣き叫びましたが、その声は熊の鳴き声となり、だれにも届くことはありませんでした。

月日が経ち、アルカスは立派な青年へと成長しました。ある日、森で狩りをしていると、大きな熊の姿が視界に入りました。弓矢で射止めようとしますが、この熊こそ、彼の母親カリストです。

一部始終を天から見守っていた父親ゼウスは、急いでアルカスも熊に変えて、天へと投げ込みます。この時、ゼウスは慌てていたため、ついしっぽを掴んで天の世界へと投げたために、妙にしっぽのながい熊が星座になっているんだとか。

すべての元凶はゼウスじゃないか、というツッコミも聞こえてきますが、ギリシャ神話の世界では日常茶飯事のようです。

春の三悪者とは

目線を北斗七星へと戻しましょう。

今度使うのは「と」と「し」の星。2つを結び、北極星と反対の南の空へ目線を移していきます。するとその先に、白い一等星が輝いています。

21個ある一等星の中で一番暗い「レグルス」を見つけることができました。レグルスが意味するのは「小さな王様」。まさにレグルスの部分には、この名にぴったりな「王様」の星座が輝いています。

レグルスを見つけたら、はてなマークが鏡映しになったような星の並びを見つけましょう。草を刈るときに使う鎌の形に見立てて、「ししの大鎌」と名前がついています。

その名の通り、星占いでも使われる有名な星座、しし座の一部です。

ししの大鎌の丸みを帯びた部分が顔です。レグルスが心臓の位置に来るように4つの星で長方形を作れば、胴体を辿ることができました。体の後ろにはしっぽの星、二等星のデネボラが輝きます。最後に前足と後ろ足を辿れば、しし座が見つかります。

レグルスは、以前はコル・レオニスと呼ばれていて、日本語に直すと、ししの心臓という意味。一等星の中で最も暗いとはいえ、ライオンの姿を想像してみると、堂々とした輝きに見えてくるので不思議ですよね。

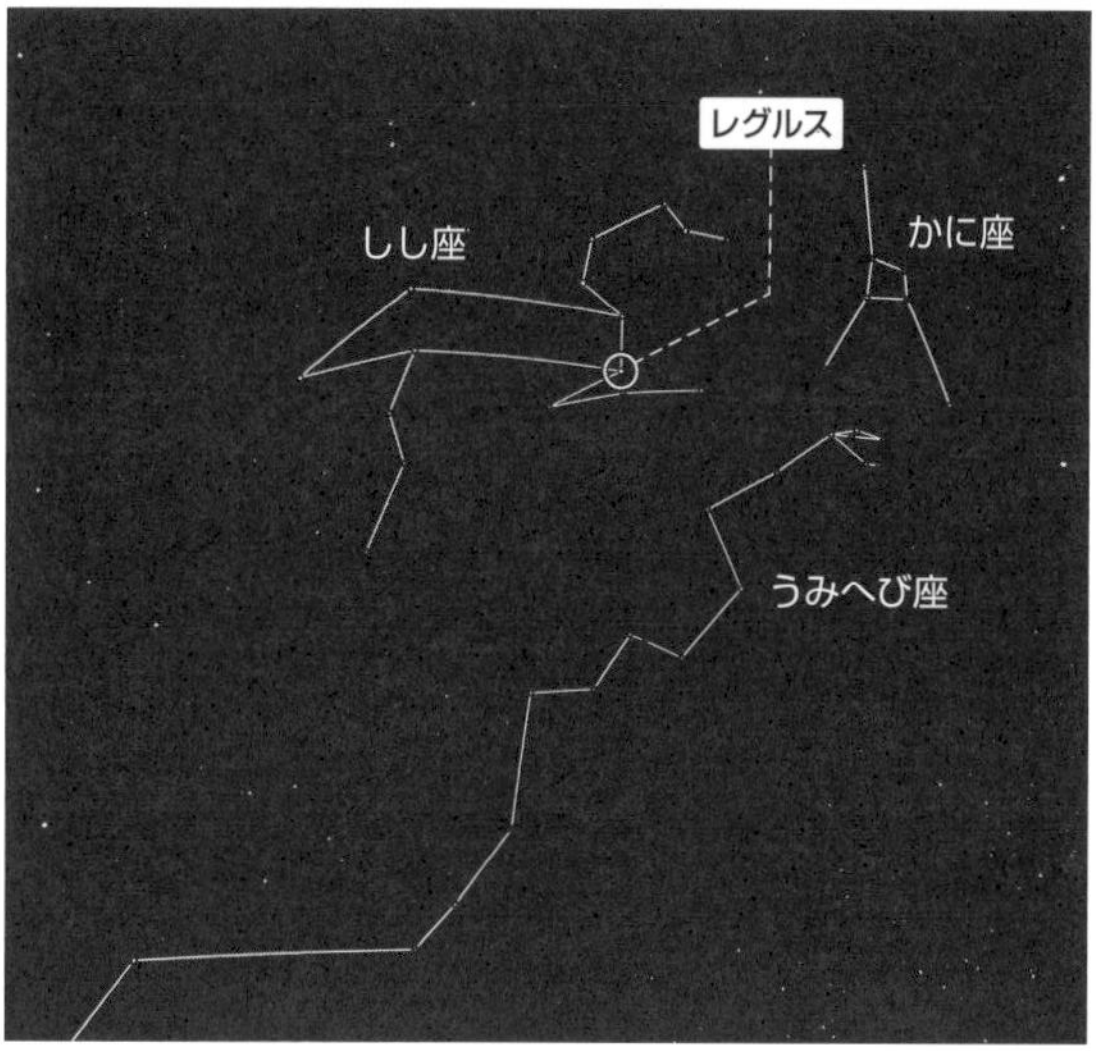

さて、突然ですが、ヘラクレス、という勇者の名前を聞いたことはありませんか？　ディズニー映画にもなっているので名前は知っている方が多いでしょうか。
ヘラクレスは、ギリシャ神話に出てくる全知全能の神ゼウスの子どもですが、正妻ヘラ

の子どもではなく別の女性との間に生まれました。それゆえに生まれたときからヘラに恨まれているのです。誕生して間もない頃、ヘラから毒蛇2匹を送られましたが、ヘラクレスは生まれながらに怪力だったので、毒蛇を笑いながら握りつぶしてしまいます。神々の王の遺伝子はしっかりと息子に受け継がれているようです。

その後、ヘラクレスはすくすくと育ち立派な青年になり、メガラという女性と結婚して、3人の子どもを授かりました。

しかし、その間もヘラの憎しみは絶えることがなかったのです。ヘラの呪いによってヘラクレスは自身の子どもを殺《あや》め、その事実に悲しんだメガラは自ら命を絶ってしまいます。

正気に戻ったヘラクレスは自身が犯した罪の許しを得るため、アルゴスの暴君エウリュステウスの命令で、12の大業を果たすことになります。この冒険のひとつ目がネメアの谷に住むライオンの退治でした。

谷のライオンは、人間や牛・羊たちを襲っては食べるため、恐れられていました。ヘラクレスは、武器を使って倒そうとしますが、毛皮がとても硬く倒せそうにありません。そこでヘラクレスは、食事も睡眠もとらず、ライオンの首を三日三晩締め続け、ようやく退治に成功したのです。

この物語を聞くと、しし座の星をたどって結んだ形は、ライオンの前足が曲げられていているのに後ろ足は伸びていて、心なしか謝罪する姿のようにも見えるでしょうか。

しし座の近くには、同じくヘラクレスによって倒された怪物たちの星座があるので、そちらも探してみましょう。

まずは、北斗七星からレグルスを探すときに辿った線を、さらに南のほうへと伸ばしていきましょう。すると、赤い星が見つかります。周囲に明るい星がないことから、孤独なもの、の意味を持つ「アルファルド」と呼ばれています。この孤独な星から、東と西に大きく星を辿っていくと見つかるのが、88ある星座の中で最も大きな星座、うみへび座です。

ヘラクレスの2番目の冒険が、アミモーネの沼に住む海蛇ヒュドラの退治です。9つの首を持ち、沼に訪れた人々を次々と襲っていました。

ヘラクレスは甥のイオラオスとともにヒュドラとの戦いに挑みます。ヒュドラの首を次々と切り落としますが、切られた傷跡から首が2つに分かれてすぐに再生してしまいます。

絶体絶命！　という瞬間、イオラオスがヒュドラに向かって火のついた木を投げると、新たな首が生えてこなくなりました。ヘラクレスが首を切り、ヒュドラが再生する前に傷を焼き、またヘラクレスが首を切り……。こうして繰り返してヒュドラを追い詰めたものの、最後に残った一本の首は、ヘラクレスでも切ることができません。そこで、ヘラクレスは大きな穴を掘り、捕まえたヒュドラを埋めて、大きな岩でふさいで地上へ出てこられないように封じ込めたのです。

さて、この戦いを見ていたゼウスの正妻ヘラは、ヒュドラが倒されそうになっているのを見て、同じ沼に住む巨大な蟹を戦いの場所へ送ります。仲間のヒュドラを助けるために、自慢のハサミでヘラクレスを倒そうとしますが……。残念ながら、ヘラクレスに踏まれ、あっけなく倒されてしまいます。ヘラは、哀れな蟹を天にあげ、ヒュドラのそばで星座にしたのだとか。

こんな経緯から星空の中で目立つのが恥ずかしかったのか、かに座は四等星以下の暗い星たちで構成されています。4つの星でできた甲羅を囲むように足の星が輝きます。

かに座は、しし座とふたご座の間に位置しています。どちらも一等星がある星座で見つけやすいので、この間に見えているのか、とヘラクレスに倒されたカニの姿に思いを馳せてみてくださいね。

もし、双眼鏡をお持ちであれば、かに座の甲羅の部分を覗いてみてください。淡い光の部分に星が集まっているのがわかります。M44、プレセペ星団です。

最近は「推し活」で双眼鏡を持っている方が増えてきた印象です。コンサートで推しを見るだけでなく、夜は空に向けて、星空の中に「推し天体」を増やしてみてくださいね。

✦自分の星座を空で見つけよう

かに座など星占いで使われるお誕生日の星座のいくつかは5000年以上前から存在していたと考えられています。地球から見た時の見かけ上の太陽の通り道「黄道」にある星座たちで、黄道十二星座、と呼ばれます。

太陽が黄道上を一周する期間を一年と定め、太陽がどの星座の場所にいると、雨が続くのか、乾燥する時期が続くのか、と天候との関連をみて、作物の種まきや収穫のタイミングを知りました。次第に神話と星座が紐づき、星座の数も増えていきます。惑星の位置や彗星の出現、日食や月食によって、国の運命を占い始め、天文学の発展へとつながっていくのです。

自分の誕生日の星座を実際の空で見てみたい、という方は多いはず。

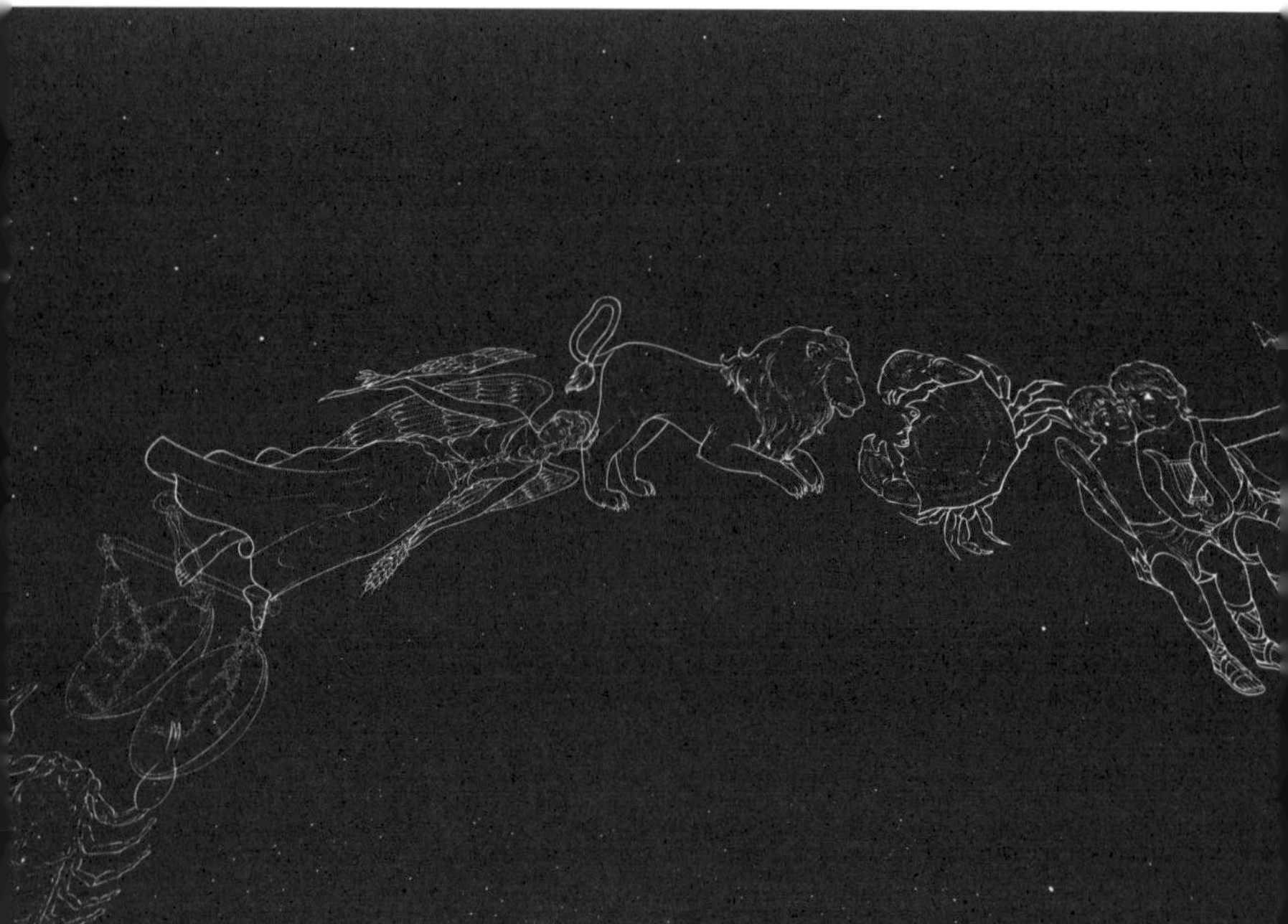

春の誕生日星座。右からふたご座、かに座、しし座、おとめ座、てんびん座、さそり座。

コスモプラネタリウム渋谷でいつも解説している午後8時の空だと、自分の誕生日の星座は、お誕生日よりも3ヵ月から4ヵ月ほど前、南の方角。これが探すポイントです。誕生日には太陽がその星座の近くにいる、というのが誕生日の星座のおおよそのきまりです。誕生日には、太陽の向こうに自分の星座が輝いているので、手前にある太陽が眩しく、星座を実際に見ることはできません。星座解説がプログラムに含まれているプラネタリウムへ行く場合も、自分のお誕生日のひとつ前の季節に行くのがポイントです。ぜひ、自分の星座と空で待ち合わせをして、実際の空やプラネタリウムで楽しんでみてくださいね。

ドラマがいっぱい、春の大曲線

また目線を北斗七星へと戻しましょう。

最後に使うのはひしゃくの持ち手、柄の部分です。

神社に置いてあるものに比べると少し曲がっているので、このカーブに合わせて空に大きな曲線を描きましょう。プラネタリウムの空ではこぢんまりした印象になってしまうのですが、実際の空で描く場合には、本当に大きくカーブを描いてみてください。途中に2

つの明るい星を通るのがポイントです。このカーブが「春の大曲線」。オレンジと白、2つの一等星を日本では男性と女性に見立てて、「春の夫婦星《めおとぼし》」と呼びました。

春の夫婦星のオレンジ色の星アルクトゥルスを使って、さかさまのネクタイのような形を探しましょう。これがうしかい座です。アルクトゥルスの意味は熊の番人。おおぐま・こぐまたちが悪さをしないように見張り番をしているかのようです。

プラネタリウムに行ったら、ぜひ、うしかい座の星座の絵に注目してみてください。彼の手には、2本のロープが握られています。目印となるのは、三等星のコル・カロリ。りょうけん座という別の星座がうしかい座とセットで描かれます。ひとりと2匹で、2頭のクマを見はっているのです。

さて、アルクトゥルスは麦を収穫するときに空高く昇ってくることから、日本では「麦刈り星」と呼ばれていました。プラネタリウム解説員の中には、アルクトゥルスを美味しいビールの麦の色、と表現する人がいます。面白い着眼点なので、私も時折解説の中で話してしまいますが……実はアルコールが得意ではないので、ビールの良し悪しはよく分かっていない、というのはここだけの秘密です。

春の夫婦星の白い星「スピカ」も麦にまつわる星です。スポーツ選手がはいている靴・スパイクとは語源が同じで、スピカの意味は尖ったもの。そこから転じて「麦の穂先」の

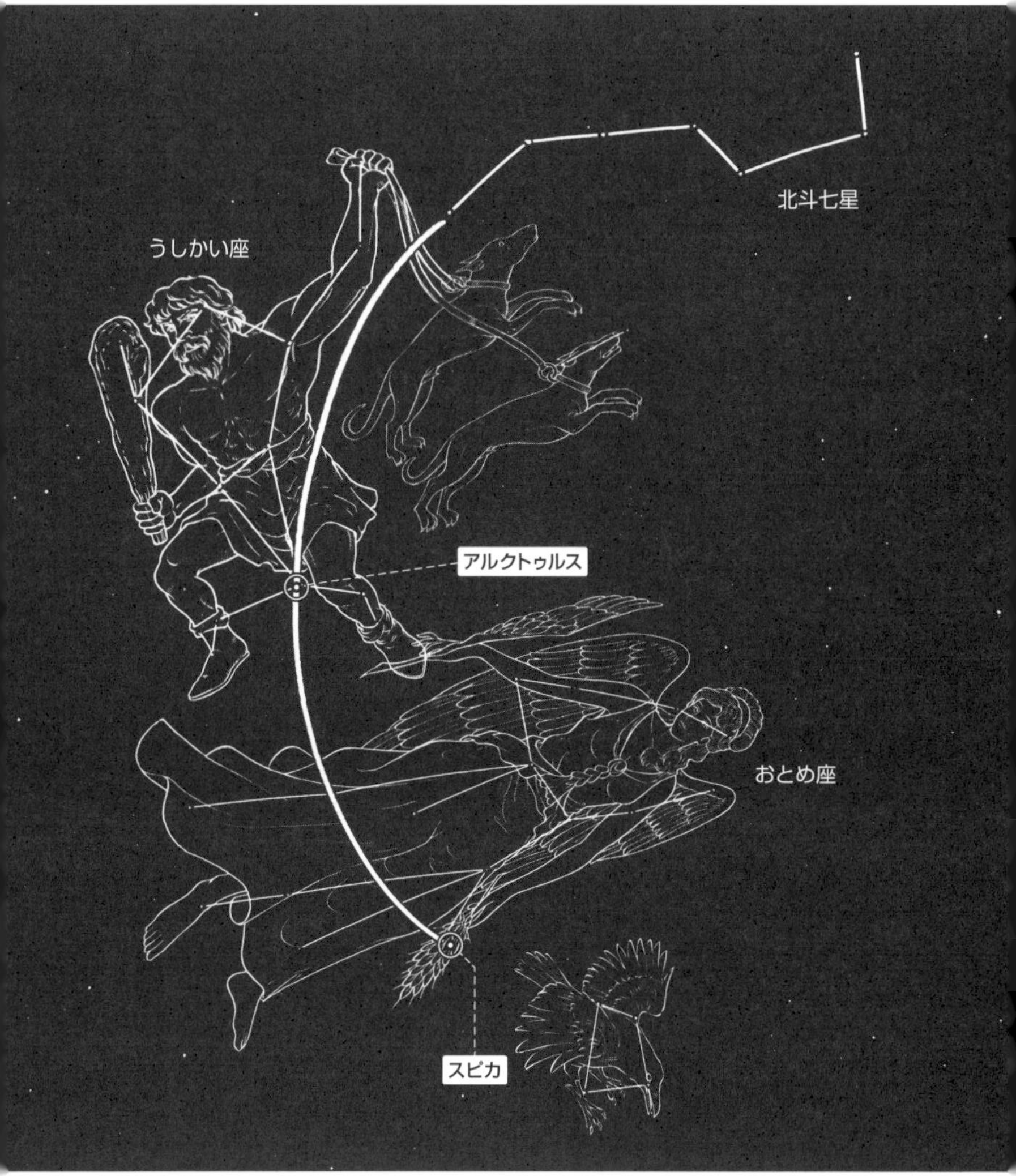

春の大曲線

意味も持つようになったのです。日本と海外では、春の時期で麦をたとえる星が違っていたのです。

スピカを見つけたら、アルファベットのYが横に倒れたような形を描けば黄道十二星座のひとつ、おとめ座です。

この女神の正体にはさまざまな説が伝えられています。スピカの部分には名前の通り麦が描かれているので、農業の女神デメテルの姿という話があります。


デメテルにはペルセポネという美しい娘がいました。ある時、娘が森へ花を摘みに行くと、突然地面が割れて冥界を治める神・ハデスが現れました。ハデスは、以前からペルセポネの美しさに惚れていて、いつか自分の花嫁にしようと計画を立てていたのです。ハデスによってあっという間に冥界へ連れ去られてしまいます。

娘がいないことに気が付いたデメテルは、必死に探し回りますが見当たりません。何日も経って冥界へさらわれたことを知ります。

一度冥界へ行くと、神の娘といえども地上へ戻れません。愛しい娘ともう二度と会うことができない悲しみのあまり、デメテルは地上から姿を消してしまいます。

農業の女神がいなくなった地上の世界は、植物が枯れて作物は育たなくなり、人々は飢えに苦しむようになりました。このままではいけない、と神々の王ゼウスは、ハデスに対してペルセポネを地上へ帰すように告げます。

渋々承諾したもののペルセポネのことをとても気に入っていたハデスはある行動を起こします。地上へ戻るペルセポネにザクロの実を渡すのです。「喉が渇いたらお食べ」と。

地上に戻ってきた娘は母と泣いて再会を喜びましたが、母デメテルは娘がザクロの実を4粒食べてしまったことに気づきます。

冥界の食べ物を口にした者は冥界へ繋ぎとめられる。これは冥界の大きな掟です。ザクロを食べてしまったペルセポネは完全に地上に戻ることはできませんでした。1年のうち8ヵ月は地上で暮らせるものの、残りの4ヵ月は冥界で生活することになります。

愛娘が不在の4ヵ月間、デメテルは悲しみのあまり天界へ去ってしまいます。農業の女神が地上にいないこの期間は植物が育たない寒い冬がやってきます。そして娘が戻る頃には、母も地上に戻り、植物が豊かに育つ春がやってくるのです。

おとめ座が空高く昇れば春。星の動きと物語が見事につながっています。

おとめ座の女神のもうひとつの説は、正義の女神アストライア。スピカとは反対の手に羽ペンを握っています。また、おとめ座の足元にはひらがなの「く」が鏡文字になったような星の並びが見つかります。おとめ座の次のお誕生日の星座、てんびん座です。アストライアは羽ペンで地上にいる私たち人間の行いを記録して、天秤を使い、善悪の重さをはかっていたようですよ。

さて、うしかい座のアルクトゥルス、おとめ座のスピカに、しし座のしっぽの星デネボラ。3つを結んで空に三角形を描けば、「春の大三角」です。夏の大三角や冬の大三角ほど知られていませんが、少し涼しい春の夜の空に優しく輝きます。

春の大曲線の先を見てみると、少しゆがんだ四角形を探し出すことができます。あれが春の大曲線の終点、からす座です。

神話では、カラスという生き物は元々とても美しい羽の色で、人の言葉を喋ることができたようです。しかし、主人である太陽の神アポロンに嘘をついた罰として言葉を奪われ、自慢の羽も黒く塗られて、天の暗闇の中に磔《はりつけ》になっています。ちょうどエイプリルフールの日には、0時頃に南の空へとやってきます。

✦人生の栞

春の大曲線は、私の人生における栞のような存在です。

小さい頃の私の夢は、セーラームーンになることでした。しかし、セーラームーンにはなれないのだ、と知ってから、ながく将来の夢が持てませんでした。卒業文集には、周りの大人がほめてくれるような、適当なことをいつもいつも書いていました。

本当に困ったのは高校生の時。周囲は夢のために進学を考え、受験勉強をする。一方、私は何のために勉強をするのかがわからなくなっていました。

そんな中、学校の職員室の入り口でプラネタリウムのポスターが目に入りました。自転車で行ける距離だし、300円だし、ちょっとした現実逃避になるかな……。これが私のプラネタリウムとの出会いでした。

観覧車がデザインされたポスターのプラネタリウム番組は、録音された音声で春の星座解説があって、上映時間の後半は小説の原案をプラネタリウム用にアレンジした内容で、頭上のドームに映像が映し出されるものでした。星の話をするだけの施設と思っていた私にとって、プラネタリウムの概念が大きく崩れた瞬間でした。いつかこの番組みたいに、プラネタリウムのための映像を作る人になれたら。初めて、自分の意志で、やりたいことが見つかったのです。

とはいえ既に高校3年生。物理の成績は取り返しがつかないほど悪かった私。強いて言うなら、数学はまだできる……。そんな理由で、大学は数学科に進学しました。

大学ではあっという間に月日は流れました。気がつけば「就職」「インターン」というワードが飛び交う時期。好きなことはたくさんあれど、自分の将来を捧げられるのはやっぱりプラネタリウムだと思う気持ちは消えていませんでした。

こうして都内のプラネタリウムを巡り始め、２０１８年の春、コスモプラネタリウム渋谷へ足を運ぶことになります。近くのさくら坂は、優しいピンクの中に少し葉の緑が目立ち始めている頃でした。

解説員がいるプラネタリウムは、小学生の学習投影以来。そのときの堅苦しいイメージが脳内にはありました。

……ですが。その日に見える星空の生解説、二度と同じ回がない一期一会の空間。すごい場所を見つけてしまった、と、ドキドキしながら、帰り道に解説で聞いた春の大曲線を実際の空に辿ったのを今でもよく覚えています。

そこからコスモプラネタリウム渋谷に通う日々が始まります。秋には運よく接客のアルバイト募集のポスターを見て、さらに運よく冬から働かせてもらえることが決まりました。

しかし、その時も、「プラネタリウム解説員」という仕事を選びきる勇気はありませんでした。人前で話すことが苦手で物理の成績が壊滅的な私に務まる仕事なのか。その一方で、今までよりも近い距離で解説員の仕事を見るようになって、本当に素敵な仕事だな……。と、憧れだけはどんどんと膨らんでいったのです。

アルバイトを始めて半年経ったある時、永田解説員に呼びだされました。話題は私の将来について。話していく中で、気が付けば「解説員をやりたいです」。そんな言葉がこぼれました。自信はどこにもないのに。

「そう言ってくれるのを待っていました」。永田さんのこの言葉が今でも心の支えになっています。

そこからとんとん拍子で話が進みます。あとは大学を卒業して春が来れば、プラネタリウム解説員として働ける、という時。感染症が世界的に広がって、当たり前の日常は当たり前ではなくて、どんな未来へ進むべきなのかもわからない、不安がつきまとう状況へと一気に変わってしまいました。

そんな状況の中、ある先輩解説員の提案で、大学や大学院の卒業式が中止になって年度末でコスモを卒業するアルバイトの先輩2人と私のために、「コスモ卒業式」をプラネタリウムで開催することになったのです。ひとりの先輩は二胡の演奏、もうひとりの先輩は自作小説の朗読、私は星座解説をすることになりました。

この時私が話したのは、今回ご案内した春の星座解説でした。北斗七星が輝き、「春の大曲線」をたどって「春の大三角」を見つけていく。緊張していたのでとても聞きづらかったでしょうが、あの日の春の星空が、私のプラネタリウム人生の原点。

春の大曲線を実際の空で見つけるたびに、そしてプラネタリウムで解説を担当するたびに、あの春を思い出します。春の大曲線という栞が自分の歩んできた道を振り返らせてくれるのです。

皆さまの人生にとっても、季節ごとに変わっていく星空が、気分が落ち込んだ時には心を温め、楽しい思い出をより美しくする。そんな「彩り」となるよう、心を込めて渋谷の街で星空解説を日々お届けしています。

私の星空解説が、今日、空を見上げるきっかけになれば、本当に嬉しく思います。

コラム1 投影機の操作は超マルチタスク

✧永田美絵

私たち解説員は、ポインターという光る矢印でドームに映した星を指しながらお話をします。さらに星座の絵を出したり、惑星をズームアップしたり、流れ星を出すなどの演出も一人で行います。

機械を動かすのは、すべて解説台（操作卓）にまとまっていますので、星の解説をしながら、同時に次にドームに映す演出のための機械操作も行うのです。

私たちがいる解説台は飛行機のコックピットのよう、とよく言われます。モニターは3台、さまざまなボタンがついた操作卓があり、右手に音響卓があります。

みなさまが入場される前、担当解説員はプログラムされてある番組ファイルを呼び出し、滞りなく解説できるか、チェックをおこないます。恒星、惑星、月は点灯されるか？　など。映像が乱れていないか？　音はちゃんと出るか？　午後8時の星空に合っているか？

そしてお客様が入場される位置に機械をセットし、お客様をお迎えします。

コスモプラネタリウム渋谷では最初に日の入りのシーンからはじめることが多いのです

が、太陽が西空に出てくる様子、太陽がゆっくりと沈んでいく様子、音楽がかかるタイミングなどは、すべて解説員が都度操作をしています。

一番星が出てくる様子など操作をしながら話をしますので、実はみなさんがのんびりと日の入りの様子を見ている時間が、解説員にとっては一番忙しい時間かもしれません。


私が解説員になったころは、まだコンピューターが入っていなかったため、すべて手動で操作をしていました。

太陽を出し、日周レバーを回しながら太陽が沈むと同時に夕焼け空を写し、さらに一番星を出す――といった具合です。ですから、やがてコンピューターが入り、操作卓での機械操作を習得するまではかなりの練習が必要でした。

しかし最近は事前にプログラムされた通りに綺麗な演出が再現できるようになりました。太陽が沈むと同時に、自動的に夕焼け空の中で一番星が出たりするようになったのです。

その結果、投影のときの解説員の動きも、その準備も変わりました。


星座解説のために各解説員は、自分専用のパソコン画面から、星座絵や星座線、天体画像や宇宙へ飛び出す演出などさまざまなボタンを押してドーム内に映像を映します。

各解説員が星座解説の時に使うパソコンのページは、一人一人が準備しておくもので、

コラム1

個性が現れます。

規則正しく綺麗に整えるのが得意な宮原解説員は、星座絵などのボタンの位置もかなり整っていますし、多くのことを一生懸命伝えたい佐々木解説員は、ページの隅々までボタンで埋め尽くされています。話術が勝負の田畑解説員は、シンプルにいくつかのボタンがあるだけ。私はかなりおおざっぱにボタンが配置されています。

そのせいか、星座絵を間違えて出してしまうことが時折あります。暗い中でたくさんのボタンが並んでいるのです……。そんな場面に出会いましたら「あ、ボタンを間違えてしまったんだなぁ」と温かい目で見ていただければと思います。

コスモプラネタリウム渋谷のおすすめ番組「今夜の星めぐり」は、各解説員みずから考えた演出で40分間のオリジナルの星座解説を行います。もちろん原稿はありません。毎日、誰かしらが担当し投影していますので、解説員は日々、勉強にいそしんでいます。

他にも小さなお子様向けの「キッズタイム」や音楽と星を楽しむ「Starry Music」などの番組を用意していますが、これらもすべて解説員が企画し制作したものです。

番組制作の話をしましょう。番組は、まず担当者がおおよその内容を決めて制作会社の方と一緒に制作を進めます。

シナリオを書き、絵コンテを書き、どんな内容でどんな演出をし、さらにスタジオで録音するときにどのような音楽を使用して声優は誰がふさわしいか、といったことまで細かく決めていくのです。

番組制作は長い時は1年前から、短くても半年ほど前からスタートします。ドーム全体に映す動画はドームマスターと呼ばれる丸い画面上で制作されます。同時期に制作会社の方にポスターや広報用動画などを制作していただき、素材が揃いましたら、装塡という番組を実際にドームに映すための作業へと進みます。

新番組の前は休館にして、この装塡作業をしているのです。このとき、番組に合うよう星空を動かすプログラムの確認はもちろん、迫力のある全天動画が綺麗に映るか、音楽と映像が合うかなど、細かく何度も確認します。最後は音響のチェック。専門の方にドームの中でどの席からも美しく聴こえるように調整していただきます。

こうしてようやく一つの番組ができあがるのです。

さらにコスモプラネタリウム渋谷では、各解説員が番組に合わせた解説を練習します。番組ごとに演出が違いますし、情緒的な番組であれば音楽のタイミングや解説のタイミングが重要ですから、次に出る映像を細かく覚えなければなりません。この練習だけでも1週間はかかりそうなものですが、数回の練習で40分間の解説ができるのは、すごく優秀だと思います。自慢の解説員揃いのコスモプラネタリウム渋谷なのです。

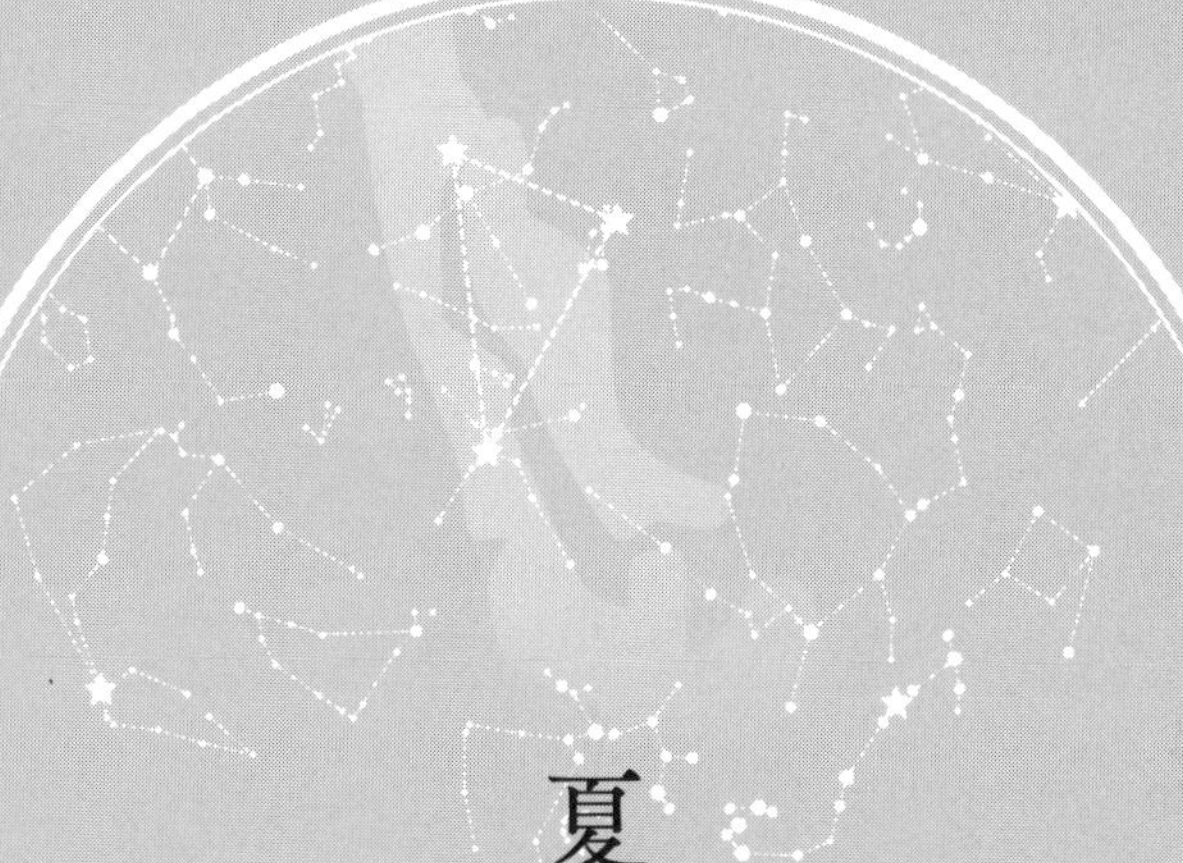

夏の章

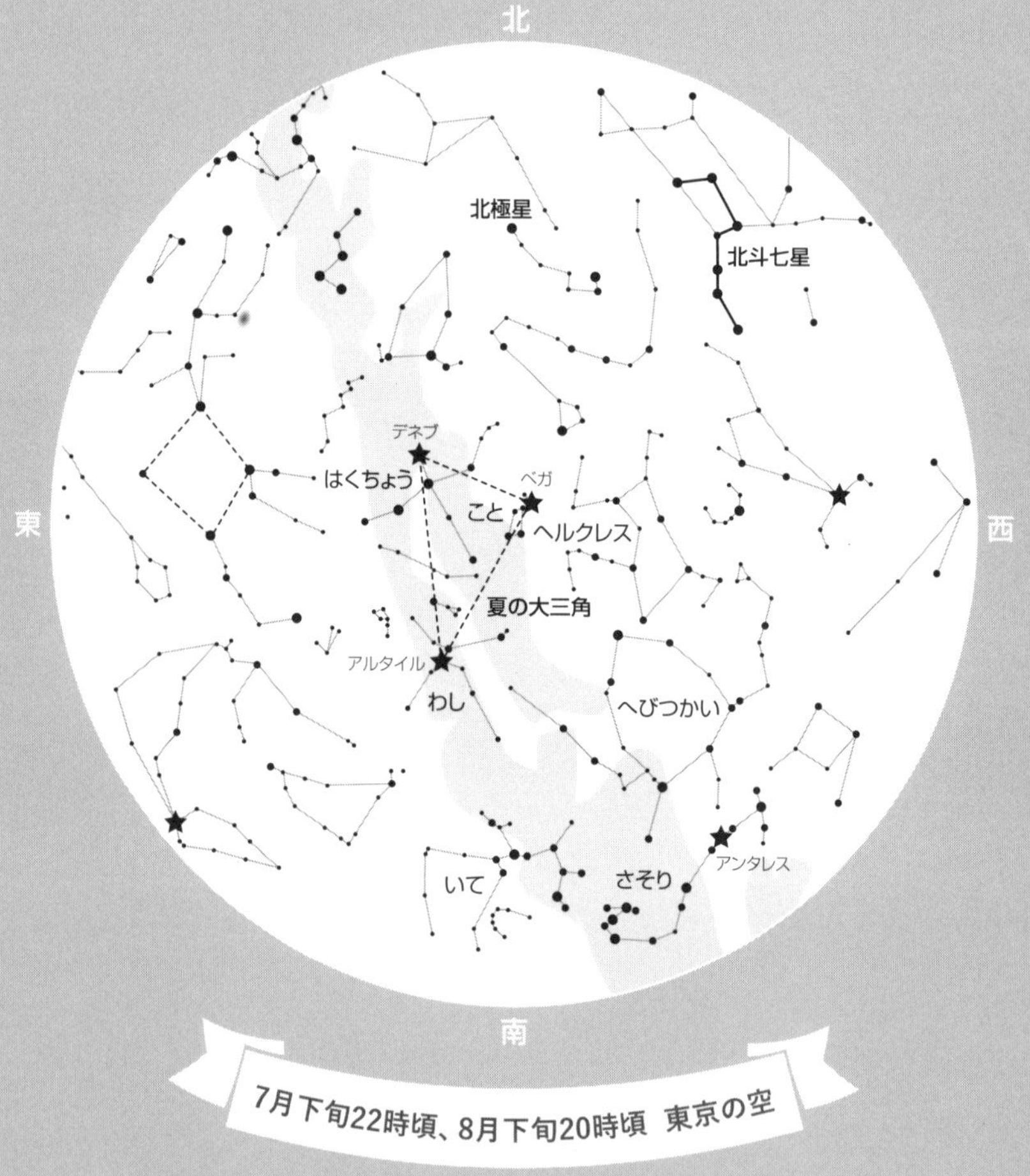
北
北極星
北斗七星
東
西
デネブ
はくちょう
ベガ
こと
ヘルクレス
夏の大三角
アルタイル
わし
へびつかい
アンタレス
さそり
いて
南
7月下旬22時頃、8月下旬20時頃　東京の空

国立天文台

七夕に星を詠む

西 香織

夏の大三角

街の灯りがなければ、そして、雲の上ではいつでもたくさんの星が輝いています。星の見えない暗がりには、目には見えないたくさんの暗い星が身を潜めていて、さらに昼間でも空には星がのぼっていますが、太陽の光で見えないだけ。私たちはいつだって、本当にたくさんの星々に包まれて、宇宙のただ中で生きているのです。

渋谷の街灯りが消えた直後の満天の星のもとで、ため息をつくお客さまに最初に語りかけるのはこんな言葉です。

「宇宙」という言葉には、どこか遠い所で私たちとは関係ない空間、というイメージがあるかもしれません。私たちは地球という特別な惑星に生きていますが、地球は宇宙の無数の天体のひとつ、そこに生まれた私たちも宇宙と切り離された存在ではないのです。そのことをいつも忘れずにいたいなと自分自身にも言い聞かせるように、日々星語りをさせていただいています。

ここからしばらく皆さんと一緒に星を見上げていくのは、星を詠む和みの解説員の西香織です。語りとは裏腹に、あわてんぼうで思わぬ操作ミスを繰り出すことがありますので、くれぐれも油断のないようお付き合いくださいね。

おうし座にはすばるが輝きます。『枕草子』で清少納言が「星はすばる」、星といえばすばるよね、と書いたその真意を知りたくて、平安文学の扉をひらきました。

すると日本には星や月を詠んだ素晴らしい数々の和歌が残されていることがわかり、以来、言葉の畑を耕そうと自分でも宇宙や星、月を短歌に詠むようになりました。こんな風に。

三音に　果てなくめぐる星たちを　閉じこめてみる　銀河と呼んで

そんな私に大先輩の村松解説員が「星を詠む解説員」と名づけて下さったので、私にとって宝物のようなニックネームです。

さて、夏は特有の草蒸すような香りの中、夏の大三角を見つけるところから始めましょう。3つの一等星は、渋谷の駅前の街灯りにも負けていません。7月7日、七夕ころの夜8時には、まだ東からのぼってきているところ。宵空の主役として頭の真上高くで輝くのは、8月に入ってからです。それらをつなぐと三角が描けます。それが、夏の大三角です。

3つのうち、最も明るいのがこと座のベガです。一等星にグループ分けされているけれど、実はさらに明るい0等星。かつて星々の明るさの基準となった星で、青白く涼やかな輝きが暑さを和らげてくれるかのようです。近くの暗い2つの星とつくる小さな三角が、翼をすぼめて落ちていくように見えるのでアラビア語で「落ちる鷲《わし》」という意味のベガと呼ばれるようになりました。

伝令の神ヘルメスが、海辺で拾った亀の甲羅に7本のガットを張って作った竪琴を、太陽の神アポロンに贈りました。

音楽の神でもあるアポロンから息子オルフェウスへと譲り渡された竪琴、それがこと座です。この星座には、ギリシャ神話の中でも最も美しく悲しい物語が伝えられています。


琴の名手オルフェウスが琴を奏でると、神も人もそして動物たちも何もかも忘れて、うっとりと聴き惚れたといいます。ある時、彼の愛する妻エウリディケは、ヘビにかまれて命を落としてしまいました。悲しみに暮れたオルフェウスは、黄泉《よみ》の世界へと妻を連れ戻しに出かけます。

さまざまな困難をクリアし、最後には地獄の番犬はオルフェウスが奏でる竪琴の音色でスヤスヤと眠りに落ちたため、冥界を治めるハデスの元までたどり着くことができました。初めこそエウリディケが生き返ることに反対したハデスでしたが、オルフェウスの竪琴の音色に涙した妻から頼まれて、特別にエウリディケを地上に帰すことを許したのでした。しかしハデスは、ひとつだけ条件をつけました。「地上に上がるまでは決して後ろを振り返ってはいけない」と。

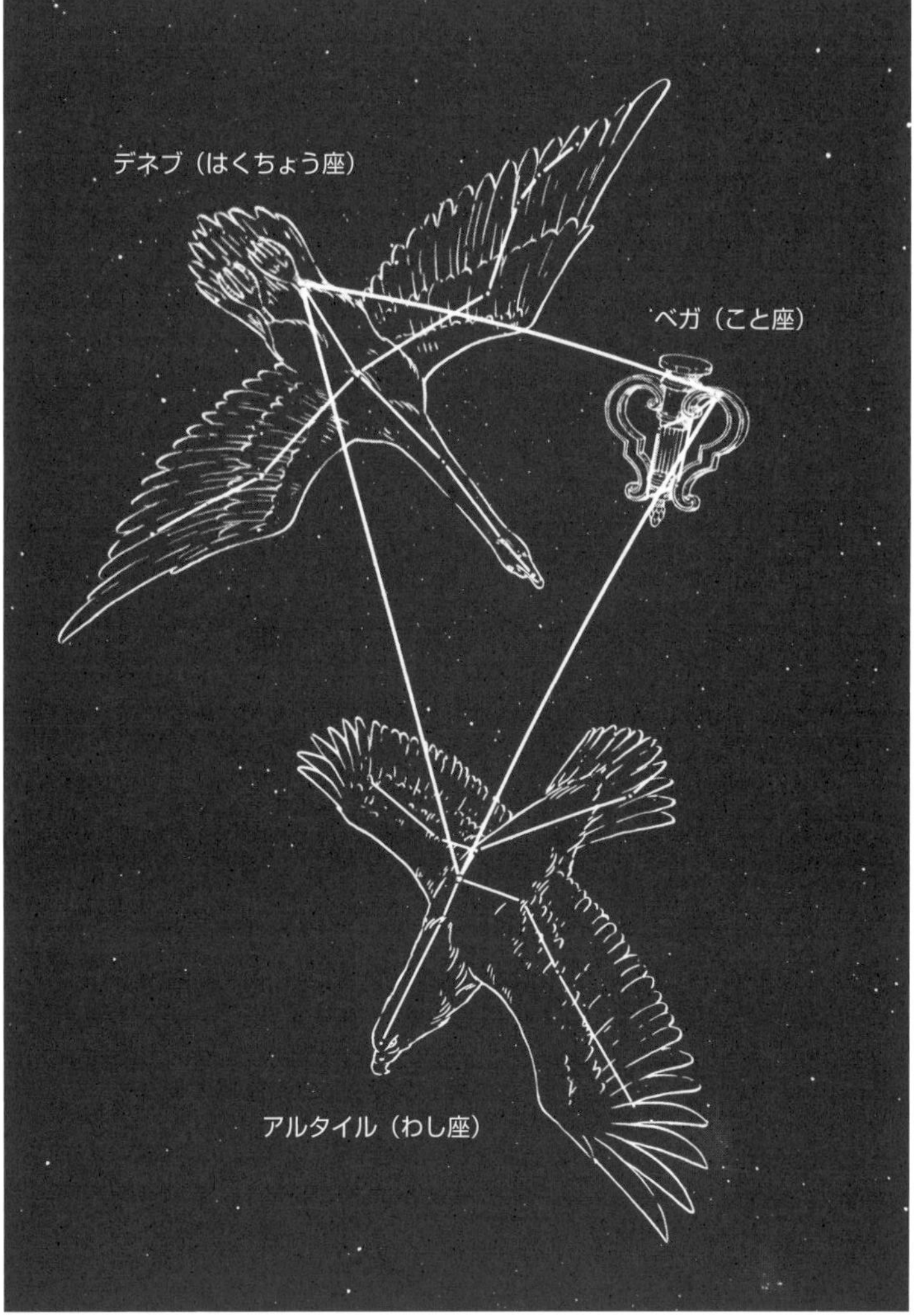

夏の大三角

約束を守ると誓ったオルフェウスでしたが、足音もせず一言も発しない妻が本当に後ろをついてきているのか次第に不安になっていきました。あと少しで地上にたどり着く直前に、こらえきれなくなって彼は振り向いてしまいます。

その瞬間、エウリディケは悲し気な表情を浮かべたまま、吸い込まれるようにして冥界へと消えてしまいました。オルフェウスはハデスに再び懇願するも、二度とその願いが聞き入れられることはありませんでした。

ベガを見上げていると、オルフェウスが奏でる寂し気な琴の音色が響いてくるようではありませんか？

もしも聴こえてきたなら……それは耳鳴りですので、どうぞ耳をお大事になさってくださ
い（……寒い発言でシーンとさせ、ドーム内の温度を2～3度下げて、夏の暑さを和らげているのです。どうぞお気になさらないでください）。

ベガの小さな三角の下あたりにこぢんまりした平行四辺形を結べば、それが琴の弦にあたります。平行四辺形の下のラインの間の辺りには、M57という天体が隠れています。惑星状星雲とよばれる、太陽ほどの質量の恒星が終わりを迎えている姿です。

かつての解像度の低い望遠鏡で丸い惑星のような天体に見えたため、惑星という名前がついていますが、じつは惑星とは関係ありません。

それは膨張しながらすべてのガスや物質を宇宙空間へと放出する美しいリング、星の終末期の姿なのです。中心では白色矮星《はくしょくわいせい》と呼ばれる地球ほどのサイズの天体が最後の輝きを見せた後、やがて暗くなって一生を終えていきます。およそ50億年後、太陽もこのような終わりを迎えていくことがわかっています。星空を見つめる時、私たちはあらゆる宇宙の歴史を目撃していることになりますが、同時にその中に、自らの未来の姿を垣間見ることもできるのですね。

鷲と白鳥は夜に羽ばたく

続いて、ベガを後から追いかけるようにして昇るアルタイルを探しましょう。

夏の大三角で二番目に明るい星です。わし座のアルタイルは、アラビア語で「飛ぶ鷲」を意味します。隣の2つの星を結ぶと、羽を広げて飛んでいる鷲の姿に見えるからです。

名前も色もベガとは対照的で、こちらは黄色味を帯びたあたたかみがある光です。

ギリシャ神話に登場する天の神ゼウスは鷲に化けてトロイという国の美少年ガニュメデ

スを天に連れ去ります。天の国の宴会で神さまたちにお酒のお酌をするガニュメデスは、みずがめ座となって秋の宵空を彩ります。

最も北よりの3つめの星はデネブです。

デネブから南にアルビレオという三等星まで長いラインを1本ひいて、横にも短い1本、すると大きなはくちょう座という星座の完成です。

北半球に暮らす私たちが楽しむことができる星の十字架で、北十字とも呼ばれています。日本には十文字《じゅうもんじ》さまと親しみをこめて呼んでいた地域もあるそうです。

夏から少しずつ西へと傾いていって、クリスマスの頃には夕暮れ時に西の地平線にすっと立つように輝きます。その時期には、クリスマスの星としてご紹介することになるので、季節の移り変わりを味わえる大好きなカタチです。気長に追いかけていってみてくださいね。

デネブも、シッポを意味するアラビア語、ちょうど白鳥のシッポの先で輝いています。

そして、アルビレオはくちばしの辺りで光るとても魅力的な星です。ぜひ望遠鏡でのぞいて見ていただきたいです。青とオレンジ色の2つの星が寄り添うようにして輝いていますから。

宮沢賢治は『銀河鉄道の夜』でサファイアとトパーズの2つの宝石になぞらえています。とても有名な二重星ですが、お互いに重力を及ぼし合って回り合っている連星なのかどうかは不明で、それぞれの固有運動が異なる方向に異なるスピードで向かっていることから、おそらく同じ方向に見えているだけの二重星ではないかと考えられています。

そんなはくちょう座にも、興味の尽きない神話が伝えられています。

古代スパルタ王国にはレダという名の美しい王妃が暮らしていました。その姿に一目惚れしたゼウスは、真っ白な白鳥に姿をかえて王妃のもとを訪れ想いをとげると、その後、レダは卵を産み落とします。レダは夫であるテュンダレウス王からも愛されたため、人間の血をひくカストルという男の子と、神の血をひくポルックスという男の子が誕生したといいます。

そのカストルとポルックスこそ、誕生日の星座のふたご座です。それぞれの頭で、右側の二等星のカストルと左の一等星のポルックスが真冬の夜空で仲良く並んで輝きます。

ちなみに、ポルックスの周りには系外惑星と呼ばれる、太陽系以外の恒星の周りを公転する惑星が見つかっています。21個ある一等星の中で最初に見つかった惑星には、「テスティアス」という名前がつけられました。「テスティオス王の娘たち」という意味で、これはレダのこと。

新しい系外惑星の名前は今後もどんどん増えていくでしょう。ギリシャ神話由来の名前も増えるかもしれませんので楽しみです。

✦ゼウスは浮気者か？

ところで、ゼウスの数々の身勝手な行いに呆れたお客さまから、ある時「ゼウスをグーで殴りたい」というアグレッシブな感想をいただいたことがありました。なぜ大神ゼウスは、これほどまでに浮気性なのでしょう。

私は、豊かな恵みと時に災害をもたらす気まぐれな大自然を表しているのではないかと考えていました。しかし、どうやらそうではなく、国を支配する我が国王の血筋は神の系譜であるとし、ゼウスの子あるいは子孫であるぞと自らの正統性を誇示することで人民を支配していたのだというのです。権威付けのため、あちこちにゼウスの不義の子が増えていった訳です。

ということで、「俺は悪くない。身勝手なのは人間じゃないか……」と、ゼウスはぼやいているに違いありません。どうかグーで殴らないであげてください。

古くから多くの芸術家たちが、はくちょう座の神話にインスパイアされ絵画のモチーフにして描いてきました。

ミケランジェロにもエロティックで魅惑的な作品がありますが現存しておらず、復元されたものです。

また、レオナルド・ダ・ヴィンチも美しいレダと白鳥、そして卵から生まれたカストルとポルックスたちの姿を描いています。ただ、コチラもあまりに官能的だったため、後の所有者の道徳心の強い妻によって燃やされてしまったのだとか……。その結果、弟子の模倣の作品だけが残されているのだそうです。

もうずいぶん前のことですが、東京駅近くの美術館でミケランジェロとレオナルド・ダ・ヴィンチのレダと白鳥を並べて比べながら鑑賞するという企画展がありました。どちらも素晴らしく、神話の世界に引き込まれるようで時が経つのも忘れて見入ってしまいました。星を見上げながら古くから人々が語り継いだ神話を、芸術作品として今もこうして味わえる幸せをつくづく感じたのでした。ぜひ、西洋絵画の名作でもギリシャ神話をお楽しみいただけたらと思います。

✦七夕は恋と星を詠む

さて、夏の大三角の3つの星座をご紹介してきましたが、実は、こと座のベガとわし座のアルタイルは、お馴染みの七夕の星でもあります。

ベガが織り姫で、アルタイルが彦星です。街灯りのない、星のよく見える場所で目を凝らしてよくご覧いただくと、夏の大三角の間に白くて淡い光の帯のようなものが見えてくるはずです。それこそが、天の川です。七夕の伝説の通り、二つの星は天の川の両岸で輝いています。

七夕は日本人が古くから楽しんできた星のお祭りですね。

毎年この頃には、たくさんの保育園や幼稚園の子どもたちが七夕投影を楽しむ姿が、各地のプラネタリウムの風物詩となっています。コスモプラネタリウム渋谷では毎年7月7日にスタッフ一同、浴衣でお客さまをお出迎えし、一日を通して七夕について心を込めてお伝えしています。解説員にとっても、心躍る大切なイベントなのです。

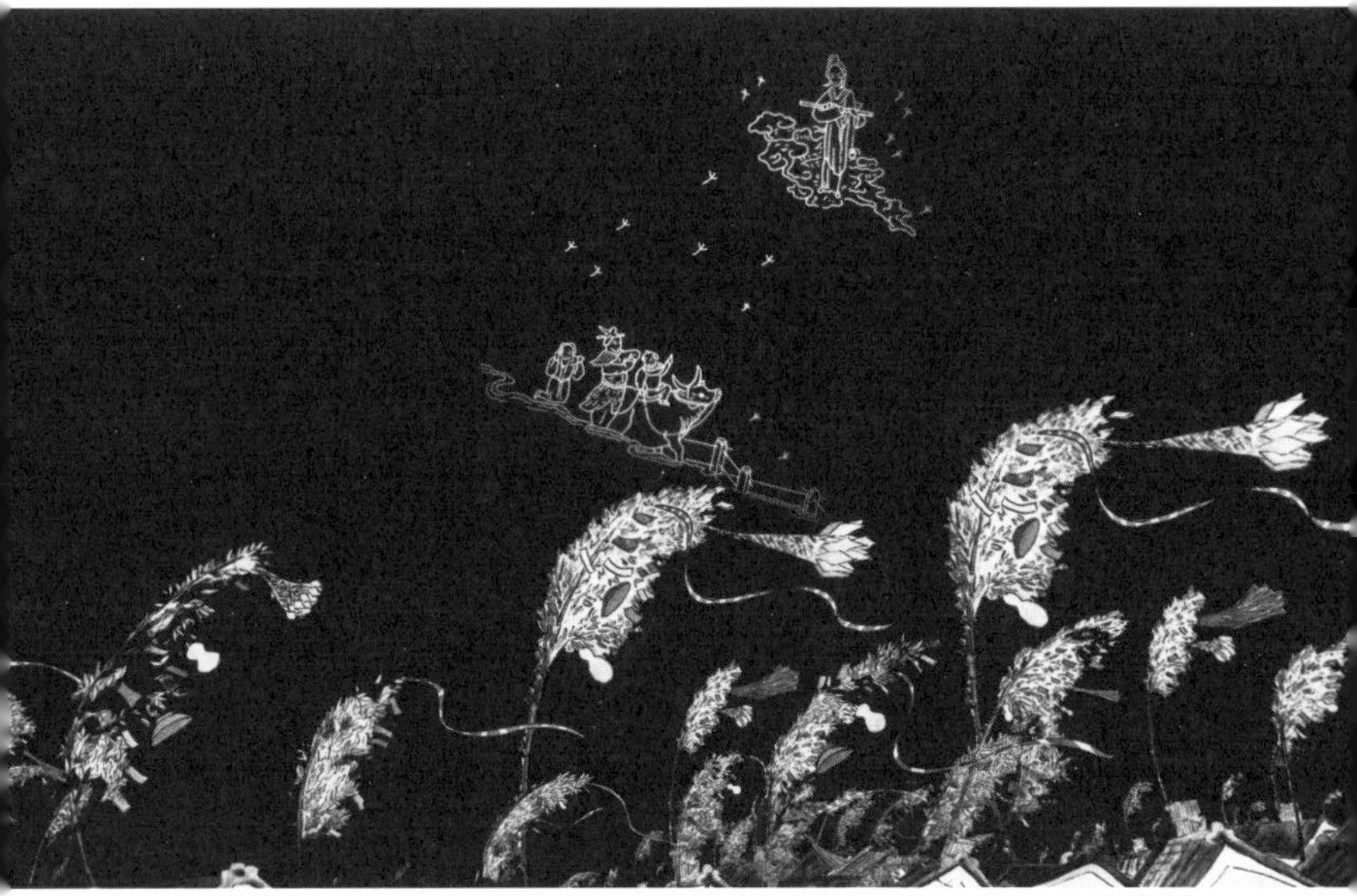

五島プラネタリウムで投影していた織り姫・彦星とコスモプラネタリウム渋谷が作成した七夕の江戸の街並みをコラボ。七夕は昔も今も人気投影テーマ。

この日ならではの解説も楽しみです。

むか〜しむかし、天の国の王さまである天帝には、可愛い娘がおりました。その名は、織り姫。美しい反物を織っては神さまたちの着物をつくっているのでした。

毎日働いてばかりで友だちのいない織り姫を心配した王さまは、天の川の反対岸の真面目な牛飼いの彦星に会わせることにしました。すっかり仲良しになった二人は結婚すると、働くことを忘れて遊んでばかり。怒った王さまは、恐ろしい嵐をおこし二人を天の川の両岸に別れ別れにしてしまいました。

織り姫と彦星は心を入れ替えて、また一生懸命に働くようになりましたが、とても寂しそうでした。気の毒に思った王さまは、年に一度、7月7日の七夕の夜にだけ2人が会えるように許したのです。

けれど、雨が降ると天の川があふれて二人は会うことはできません。人々は二人が会えるように晴れることを祈って、短冊を笹に飾ります。お習字や裁縫などの上達の願いとともに……。


誰もが知っているこの織女《しょくじょ》と牽牛《けんぎゅう》の七夕伝説は、今からおよそ1300年前に遣唐使によって奈良時代の日本に伝えられました。日本にはもともと、川辺の機織り小屋で棚機津女《たなばたつめ》と呼ばれる女性が、雨乞いや豊穣を願って神に捧げる衣をつくるため機織りをするという神事がありました。

この日本独自の風習に、七夕伝説と、針仕事などの技が上達するように願う乞巧奠《きこうでん》という中国の宮中行事が融合したものが、現在の七夕の原型と言われています。

やがて、織り姫と彦星が会える7月7日の夜の星合いの祭りを、七の夕とかいて「たなばた」と呼ぶようになりました。

紫式部も清少納言も

天の海に　雲の波立ち　月の船　星の林に　漕ぎ隠る見ゆ

万葉の時代を生きた代表的な歌人・柿本人麻呂が詠んだ、半月を彦星が乗る船にみたてている七夕の和歌です。万葉集に収められています。

半月の船が、星の林の中を波立つ雲の海へと漕ぎだしていく。千年以上前の古い和歌にもかかわらず、洗練された近未来感溢れるスペーシーな雰囲気が秀逸です。

万葉集は短歌や長歌が数多く収録された日本最古の歌集。天皇・貴族から農民など、さまざまな身分の人々の想いが綴られたアンソロジーです。その中の星の部門には、たくさんの七夕を詠った和歌が収録されています。

平安時代には、貴族の間で雅な宮中行事となり、七夕の仕立ても盛大に、庭の机には織り姫と彦星へのお供え物のご馳走と琵琶と日本の琴が並べられます。五色の布と糸を飾り手仕事の上達を祈ります。そして宴では、琵琶と琴の音色が二人に捧げられました。

うりなすび　ももなし　からの盃《さかずき》に　ささげらんかず　蒸しアワビ鯛

瓜、茄子、桃や梨や小豆、蒸しアワビや鯛など、二対ずつ準備される2人へのお供え物の食材も五・七・五・七・七の和歌の調べに合わせて残っています。

天の川にみたてた白い反物を挟んで、男女が両側に分かれて座し夜もすがら恋の和歌を詠んでは、2人に想いを馳せます。梶の葉にも和歌がしたためられたようです。その様子は、平安後期の有名な歌人で、百人一首の選者としても知られる藤原定家の子孫である京都の冷泉家に代々受け継がれ、現代でもその様子を見学することができます。

千年を経てなお愛される行事を、変遷を遂げつつもこうして楽しめるというのは本当に素敵なことです。

清少納言は、『枕草子』の中で七夕について

「七月七日は、くもりくらして、夕方は晴れたる空に、月いとあかく、星の数も見えたる」

昼間は曇っていたけれど、夕方から晴れて月も明るく、星も数多く見えるのも素敵、と

書き残しています。定子とともに夜遅くまで七夕の宴を楽しみ、天の川と織り姫星と彦星を見上げた姿が思い浮かびます。

『源氏物語』の作者である紫式部も、織り姫と彦星の仲がいつまでも続くようにという祈りをこめてこんな和歌を詠んでいます。

天の川　逢ふ瀬はよその　雲居にて　絶えぬ契りし　世々にあせずは

織り姫と彦星、二人の恋物語に古くから人々が想いを重ねてきた証ですね。

ところで、現代のカレンダーの7月7日はまだ梅雨明けしていないこともあって、雨になることが多く二人はなかなか会えません。でも、ご心配なく。

日本ではもともと他のアジア諸国と同じように、月の満ち欠けの1ヵ月と太陽がもたらす1年のサイクルからうま

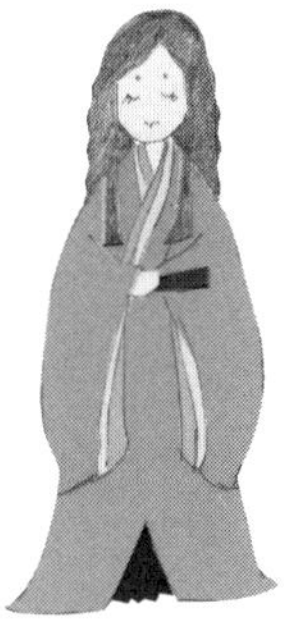

清少納言

紫式部

れた旧暦（太陰太陽暦）が長い間使われてきました。

旧暦は今のカレンダーと比べると1ヵ月ほど遅くて、現在の8月に旧暦7月7日がやってきます。

二十四節気の処暑よりも前の新月から数えて7日目が旧暦の七夕です。最近では伝統的七夕と呼んで、再び楽しまれるようになってきました。年に2回七夕を楽しめるわけです（さらに、週遅れ、月遅れの七夕祭りもありますから、織り姫と彦星は、もっと頻繁に会っているのです）。

月の形がもとになっていますから、毎年日付が違うのが戸惑うところですが、月に注目すれば大丈夫です。右半分が輝く上弦の月とよばれる半月前後の日の夜が、七夕の星祭り。天の川を渡る彦星の船の形と、覚えておいてください。

この頃になると夏の大三角も宵空高くにのぼり、お天気の日も多いので織り姫と彦星の逢瀬は安心です。江戸時代には、夏のお盆の意味合いと重ねられて日本全国に広まり、庶民が楽しめるお祭りとなりました。地域ごとに独自の七夕が催されてバリエーションが豊富です。

半月は夜半には沈んでしまいますから、江戸の庶民は夜遅くまで月明りのない星空を謳歌しました。西瓜や素麵などを食べつつ、家族で習字をしたり俳諧を詠んだりしながら星合の夜を満喫したことでしょう。そんな様子をうかがえる数多くの俳諧の中でも私が個人的に大好きなのが、次の一句。

星合や蚊屋一張に五人寝る　　里倫

祭りの後の家族の満ち足りた空気と、ささやかな幸せが江戸の人々を包み込んでいた、そんな気配が香ってくるようではありませんか。蚊帳で5人家族が折り重なって眠る平和な姿が目に浮かぶようです。ちょっと窮屈そうですけれど。

✦織り姫星があの星になる日

それでは、星空のお話の最後に、織り姫星の秘密を案内しましょう。

星空は変わらない、そんな解説を耳にしたことがあるかもしれません。

恒星の配置はいつも同じなのです。でも、皆さんは、歳差運動《さいさうんどう》という言葉を聞いたことがあるでしょうか？　星空そのものが少しずつズレていく現象で、紀元前2世紀ごろに天文学者のヒッパルコスが発見しました。

地球は自転軸を中心にして、およそ24時間でくるりと自転しています。自転軸は常に天の北極を指していて、すぐ近くで光る北極星が天の「おへソ」担当をしています。

しかし、太陽や月の引力によって、自転軸は2万6000年の周期で首振り運動しているため、天の北極が少しずつズレていき、北極星が移り変わっていくのです。

たとえばピラミッドが創られたころの5000年前の人々にとっての北極星は、りゅう座のツバーンという星でした。歳差運動を見つけた時代には、こぐま座のβ星のコカブという星が北極星でした。北極星は担当制なのです。

今後も歳差運動によって天の北極は動いていって、北極星を担当する星も変わっていき、8000年後にははくちょう座のデネブが北極星として輝きます。更に時を進めて、1万2000年後には、織り姫星のベガが北極星として北の空で燦然《さんぜん》と輝くのです。七夕伝説が中国で生まれたころの北極星は、天帝と呼ばれていました。

時を経て、天帝の娘が父の後継者としてその役割を受け継いでいく訳です。

当然ながら私たちはこの目で見ることはできませんが、明るいベガが北極星として輝く星空を想像してみてくださいね。


夏と七夕の星々をたどりながら時空をこえた星語りはここまでです。

星を見上げる――ただそれだけで、星は人生に寄り添う特別な存在へと変わっていきます。国籍も性別も年齢も、社会的な地位も関係ありません。

美しい星を見上げている時、未来を思い煩ったり、過去を後悔したりしないように感じます。「きれいだなぁ」と心と身体がピタリと一致して、今この瞬間を生きることになるのではないかと思うのです。

今しか生きることができないのに、人はとかく過去や未来に心がさまよいます。私自身も、そういうところがある人間です。だからこそ、星が輝く夜には難しいことを抜きにして、ただただ「きれいだなぁ」って、星の輝きとともに豊かな今を過ごしていただけたなら。そして、それがコスモプラネタリウム渋谷の星案内をきっかけにしてであったなら、こんな幸せなことはありません。

✦プラネタリウムに続く道

さて、ここからは普段語ることのない、プラネタリウム解説員への歩みをたどります。しばしお付き合いください。

プラネタリウムとの出合いは、6歳のころ。小学校1年生から週末には、月に2、3回、近所のプラネタリウムに連れて行ってもらっていました。

同じ頃、宮﨑駿監督のテレビアニメ『未来少年コナン』にドはまりし、主題歌の「こんなに地球が好きだから」という歌詞に洗脳され（?）、すっかり地球に恋してしまいました。地球の推し活は、ここから始まり今に至るまで続いています。

高校生の時、父方の祖父が103歳記念に敬老の日にラジオ取材を受けた時の「人生で最も印象的な出来事は?」という質問に、多くのご長寿は家族のメモリアルな内容を回答する中、我が祖父は一人「アポロの月面着陸」。キッパリと答え、「じーちゃん、かっけー」と感動、その血が自分にも流れていることを誇らしく感じました。

大学卒業後一般企業に入社し数年勤務しながら、休日にはいつも町田にある「東急まちだスターホール」（現在は閉館）というプラネタリウムに通っていました。何度も通ったある日、投影後の解説員の方に思い切って声をかけました。すぐさま小野田さんという解説員に引き合わせてくれました。現在は宗像のプラネタリウムで活躍されていますが、初めて会ったとは思えないようなご縁を感じ、その半年後には解説員としての歩みをスタートすることになるのです。

スターホールでは、解説員としての基本を丁寧かつ徹底的に教えていただきました。老若男女どなたに対しても失礼のない語りを、とみっちりと解説員としての基礎を教えていただけたことは何にも代えがたい生涯の宝物として今でも深く感謝しています。

駆け出しの頃、解説が思うようにできずに投影終了後に解説台にしゃがみこんで隠れたことがありました。その時に、お客さまからいただいた「これでまたひとつ経験値が上がったね」という言葉と優しい笑顔に救われました。

たとえ納得のいかない投影であっても、一回ごとに解説の経験ポイントは一つ必ず増え、続ける限りは減りません。愚直に一回一回心を込めて経験を重ねていこうと、心に誓いました。きっとその先に自分らしい投影が見つかって、お客さまにお伝えできる宇宙があるはずだから、と。

振り返ってみると、いつもお客さまの笑顔や温かい言葉に育てて頂いてきたのだなぁとしみじみ有難く思います。その恩返しの気持ちをこめて、疲れた方たちが重い荷物をそっとおろせるような、広い宇宙の中の地球と自分の命を愛おしく感じてもらえるようなひと時をお届けできるように心がけていきたいです。

最後に、もうひとつだけ私個人のルーツをお伝えさせてください。

第二次世界大戦中、広島市の爆心地近くで生まれ育った父は、原爆投下4ヵ月前に田舎に引っ越し、原爆を免れることができました。祖父は1ヵ月前まで広島市内で働いていましたが、直前に退職し家族の元に移り住み無事だったそうです。原爆によって、一瞬にして記憶にあったすべてのものが消えてしまったといいます。「あの引越しがなければ、あなたは生まれていなかったんだよ」と言われて育ちました。

戦争と平和について常に自分に問いかけながら成長するなかで、いかなる時も平和を選択すると心に決めたのです。そして、プラネタリウム解説員という仕事に巡り合うことができました。

宇宙への眼差しこそが、より良い未来を切り開くヒントとなると心から信じて、日々プラネタリウムの星を見上げながら言葉を紡いでいます。

幼いころからいつも空の上だけでなく、心の中にも深淵な宇宙が広がってそこに俯瞰した地球がありました。ちょっとおこがましいのですが、あたかも宇宙が語られるのを待っているかのような気がすることがあります。地球人として、君にできることをしてごらん、と。

宇宙が生まれたのが今から138億年前のこと。地球の誕生は46億年前です。その歴史を地球の1年にあてはめると、私たち人間の一生は約0・2秒。気の遠くなるような宇宙の時の流れからすると、キラリと輝いては消えていく流星のような命といえるでしょう。ちっぽけな存在でありながら、知恵と知識のバトンを繋いで、宇宙の始まりから終わりまでのあらゆる謎を少しずつ解明していくなんて、人間って凄いと思いませんか。

この能力とポテンシャルを、奪い合いや戦争ではなく、互いに慈しみあって生きられる社会を築くために発揮できるはず。世界中の子どもたちが安心して幸せな気持ちで星空を見上げられる平和な世界を、と祈るような気持ちで今日も解説台に向かいます。

どうか宇宙やプラネタリウムを愛する皆さまが、ご自分にとっての大切な星を見つけられますように。

そして、誰にも負けない「好き」を見つけて、この地球という惑星での日々を自分らしく過ごされますように……。

渋谷発、天の川銀河ツアー

小久保史織

宙《そら》を見上げてほっこり笑顔に

プラネタリウムの解説員と聞くと、「天文学や理系を専攻している」というイメージを持たれる方が多いと思います。でも、私は小中高と体育会系、その後は芝居の道へと、まったく違う分野を歩んできました。小さいころから星は大好きではありましたが、その大好きの気持ちだけで解説員への扉を開いてしまったのです。

そんな私の星好きが加速して解説員になるまでのきっかけ話に少しだけおつきあいくだ

さい。

きっかけ・その1は、星好きを活かした資格、「星のソムリエ」との出会い。星好きが集う星好きのための資格講座があるなんて！　と受講を決意。星のソムリエをスタートさせた柴田晋平先生からの言葉「ハッピー二乗の法則」はいつも立ち戻って大切にしていることです。この講座では私の星好きが加速しただけでなく、人と星でつながることでこんなにも幸せな輪が広がるんだ、と豊かな心を手に入れることができました。

きっかけ・その2は、自分探しで訪れた小笠原諸島での星空との出会い。20代後半で初めての一人旅を決行！　不安が大きすぎて荷物は引っ越し並になり、宿泊先の同室メンバーにだいぶ引かれました。このとき、小笠原・母島の旧へリポートで見た星空はまさに星が降ってきそうなほど。星のソムリエ講座で自作したコルキット（ちっちゃな望遠鏡）で、旅で出会った友人たちに星空案内もしました。

自分で決めて好きなことをする。誰かと一緒に星を見上げる。自由で幸せな時間を実感する宝物の旅となりました。そしてこの旅での星空案内が、プラネタリウム解説員への夢を後押ししてくれました。

きっかけ・その3は、コスモプラネタリウム渋谷の永田さんとの出会い。受付スタッフの面接の際、「星は好きですか?」と聞かれましたので、ここぞとばかりにアピールしました。そしてゆくゆくは解説員になりたいです! と伝えると、受付スタッフ募集であるにもかかわらず、「その道を一緒に探りましょう!」と手を取ってくださったのです。この永田さんとの出会いが、大げさでなく、私の人生を変えてくれました。

こうして足を踏み入れた解説員の道。最初の重大ミッションは解説員のキャッチフレーズ決めです。私は星を通して誰かの笑顔につながるような案内をしたいと、「笑顔の星空案内人」に決めました。悩んだ最終候補には、大先輩の村松解説員につけていただいた「七色星空仮面!」もありました。ナレーションや声優など「声」の仕事をしていたこともあり、七色の声を使い分けたらいいんじゃない? と、提案してくださったのです。せっかくですから、皆さんの笑顔に繋がる手段として、七色星空仮面、たまに参上したいと思います。……急に何かひと芝居始まりましても、温かい耳で聞いてやってくださいね。

「笑顔の星空案内人」。

この名に恥じぬよう、暗闇でも届くような笑顔を声にのせて、みなさんの笑顔に繋がるような投影をしてまいります。みなさんが宙を見上げてほっこり笑顔になっていただけますように。

✦渋谷の灯りがすべて消えたら

皆さんはどんな時に空を見上げますでしょうか？

流星群のニュースを見た時、空が鮮やかに色付いた時、面白い雲を見つけた時。

それぞれがご自身のタイミング、それぞれの場所でふと空を見上げているかと思います。

そんな中、プラネタリウムでは見知らぬ人と、大切な人と、同じ時間、同じ場所を共有して星を見上げていきます。

まずは今日この空の下でお会いできた皆さんに感謝をしながら、ゆったりと空のご案内をしていきたいと思います。

場所は渋谷。まだまだ暑い8月中旬頃、時刻は午後8時を迎えました。

ようやく日が沈み、すこーしだけ涼しくなってくる時間帯です。

灯りがにぎやかな高いビルの隙間に、明るい星がいくつか見えているのに気が付きましたか？　都会では星が見えないと思われていますが、目立つ星はこんなふうに見つけることができます。ですから、まずは空を見上げることが大切です。

でも、プラネタリウムではやっぱり満天の星を楽しみたいもの。ここからは真っ暗で特別な渋谷の街にご招待いたします。

それでは街に魔法をかけていきますので、みなさんには一度目を瞑《つむ》っていただいて、どうぞといったら目を開けてくださいね。5・4・3・2・1・0……それではどうぞ、目を開けてください。

みなさん、改めましてこんばんは。

先ほどと同じ時刻、場所であっても、街の明かりや建物にも隠れてもらうと、ずいぶん見え方が変わります。みなさんの目の前にも満天の星が広がっていますでしょうか？

私たちは目で何かを得るときに光を頼りにしています。今日は便利な光、携帯電話などは隠していただきましたから、やさしい星の光を頼りに空を眺めていきましょう。

どこを見ても星、ほし、ホシ！

どこから見たらよいか迷ったときは、まず方角を確かめて、目立つ星や目立つ星の並びをたどっていくと、他の星もぐっと見つけやすくなります。

太陽が沈んでいった西の空には、春の星が名残惜しそうに輝いていますが、旬の夏の星を見つけるために、南の空を見上げていきましょう。

✦最初に赤い酔っぱらい星

空の高いところには明るい星3つで結べる、夏の大三角が見えています。そこから少し目線をおろすと、少し低いところに赤くて明るい星が輝いているのがわかります。名前を「アンタレス」と言い、火星に対抗するもの、という意味を持っています。

アンタレスは「黄道」という太陽の通り道の近くで輝いている星ですから、惑星も近くを通りかかります。あるとき火星が通りかかり……私の方が赤いんだから!!　とアンタレスと赤さ比べをしているように見えたことから付けられた名前です。

日本では見た目のまま「赤星」と呼ばれたり、「酒酔い星」と呼ばれたりしています。

顔を真っ赤にして酔っぱらっている星ですから、夏にお酒を飲みすぎたら、この星と自分で赤さ比べをしてもいいかもしれません。

オリオンとさそり、同時に見られない理由

この赤い星は「コル・スコルピオ」とも呼ばれていて、コルは心臓、スコルピオはこの星のある星座の生き物の名前です。小さな子どもたち向けの投影では「ザリガニー!!」と元気よくかわいい答えが返ってくることもあります。何かわかりますか?

答えは、誕生日の星座のひとつ「さそり座」です。力強い心臓を中心にしてアルファベットのSのようにくるりんと星をたどっていきますと、毒のあるちょっと怖いスコルピオ、さそりの姿が見えてきます。

ギリシャ神話では、冬を代表する「オリオン座」となった、狩人オリオンとのお話が残っています。

オリオンは強くてイケメンで高身長（深い海も頭を出して歩けるくらい）。モテモテウハウハな人生を送っていましたが、ひとつ、問題を抱えていました。「俺って誰よりも強い

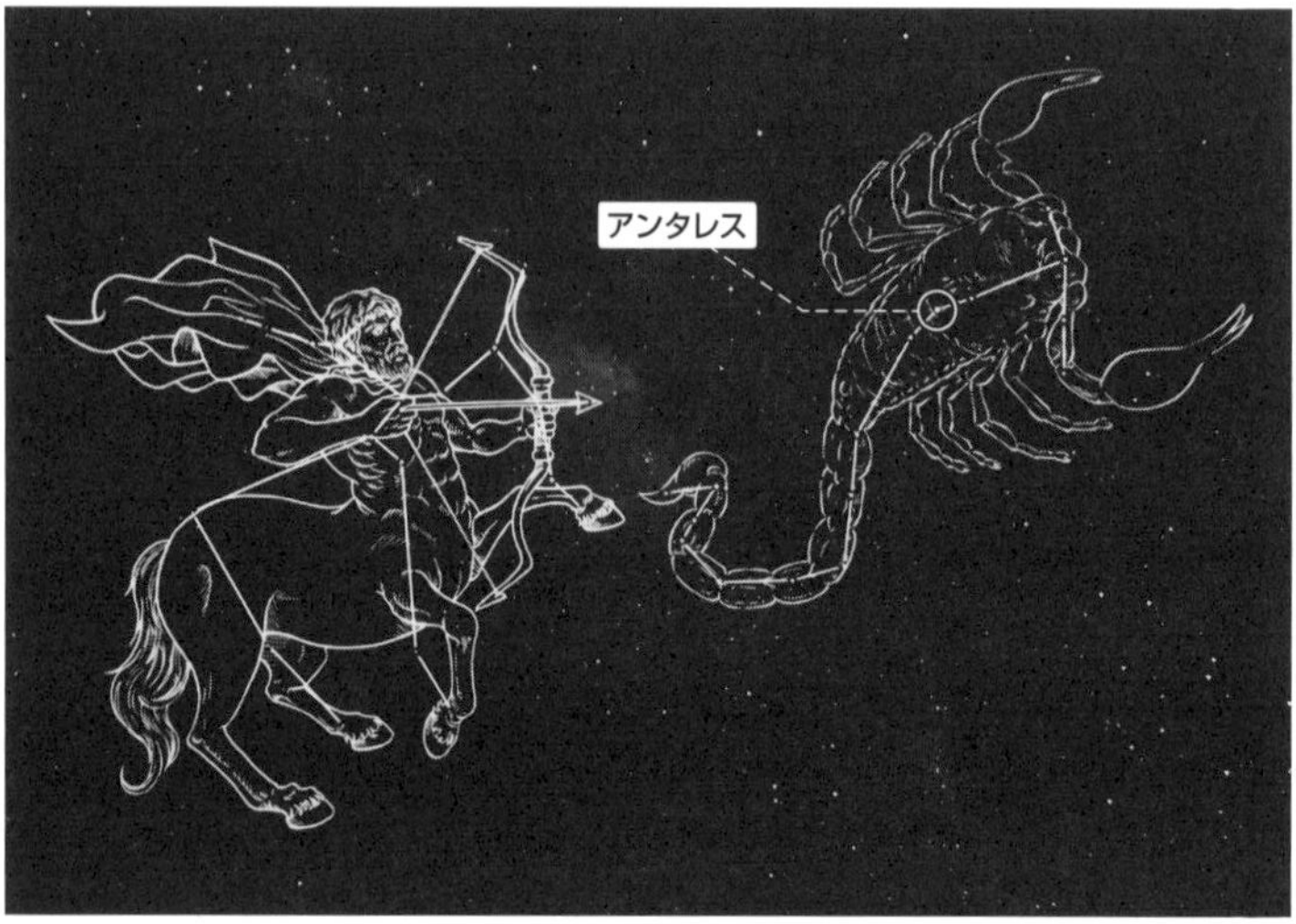

さそり座といて座。見頃は７月中旬夜10時頃、8月中旬夜8時頃の南の空

し、俺の手にかかればどんな生き物だって仕留めることができちゃうんだぜ〜」

そうです。彼は、自分は誰よりも強いと自惚《うぬぼ》れていたのです。

神さまは自分たちを差し置いて目立つことを嫌いますから、その様子に怒り、また地上の生き物が全部狩られてしまっては困ると、１匹のさそりをオリオンに向けて放ちました。さすがのオリオンもさそりの毒にはかなわず、こらしめられてしまいます。その功績を称えられてさそりは星座にしてもらい、オリオンも狩りの腕は確かでしたから星座にしてもらうことができました。ですが、夏はさそり座、冬はオリオン座。二つの星座を同じ空で見上げることはできません。

星座になった今でもオリオンはさそりが怖くてたまりませんから、夏のさそりがのぼってくると西の地平線へと逃げて行ってしまうのです。

というわけで、夏にはオリオン座を見ることができませんが、冬になってオリオン座をみつけたら、さそり座は見えてないから大丈夫だよ！　とオリオンに教えてあげてくださいね。

日本ではこの形が何に見えていたのか想像してみましょう。

全国各地で様々な呼ばれ方をしていたようですが、特に有名なのは漁師たちの間で呼ばれていた「うおつり星」や「たいつり星」という呼び名です。海が身近なこの国ならではの捉え方で、空に釣り針を描きました。

場所は変われど、同じく釣り針に見立てた例があります。それは南の島、ポリネシアの人々。この形を「マウイの釣り針」と呼んでいました。英雄マウイがこの釣り針を使って暴れるポリネシアの島を釣りあげたという伝説が残っているのです。南半球へ行くと、さそり座は逆さに見えます。するとなるほど、空に引っかかった釣り針にも見えてきます。

星座は、全天で88個あります。これは1928年に国際天文学連合（IAU）が世界共通の星座として定めたもの。ですが、自分なりの星座を作ってみてもよいのです。この形をバナナに見立てたり、みみずに見立てたり……。昔の人たちが星座を作ったのと同じようにオリジナルの星座をたどってみたら、星の世界がぐっと近づくかもしれません。

✦いて座のイテテな話

今度はお隣の星の並びを見てみましょう。

明るい星が少ないので、さそり座を目印に東隣り（南を向いたらさそりの左）と覚えて探してみてください。目を凝らして6つの星を結んでみますと、目印になる小さなひしゃくの形が見えてきました。この形を「南斗六星」と呼んでいます。名前も形もあの「北斗七星」に似ていますね。

中国では南斗六星を「南斗星君《なんとせいくん》」という生を司る神さま、北斗七星を「北斗星君《ほくとせいくん》」という死を司る神さまとして、南と北で対になるように見立てていました。

英語では「ミルクディッパー（ミルクスプーン）」と呼び、ちっちゃなティースプーンのように見立てています。

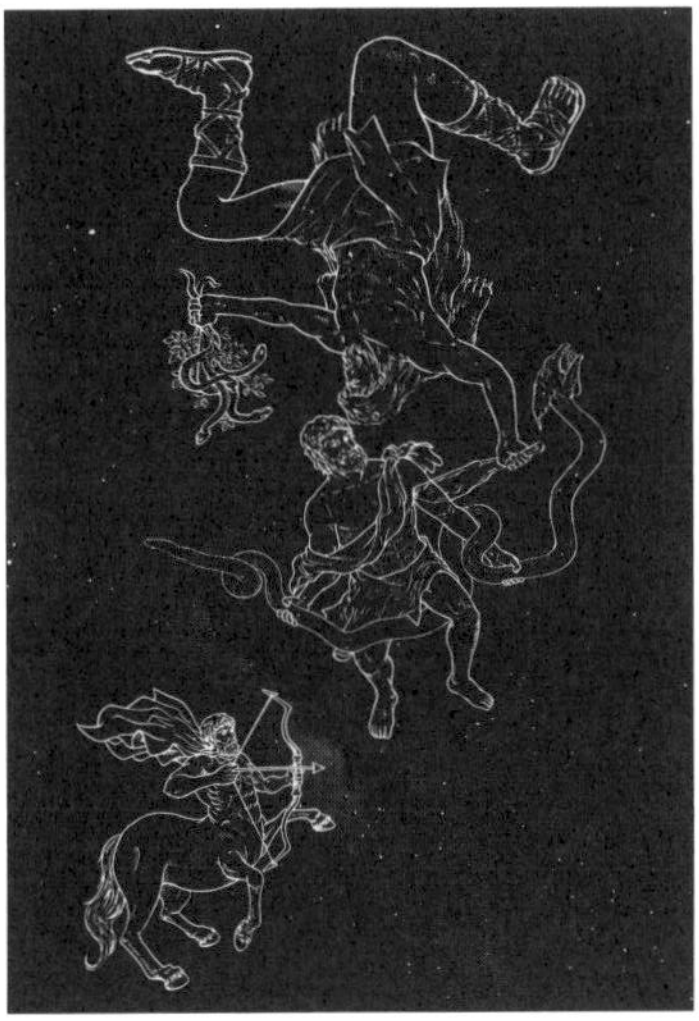

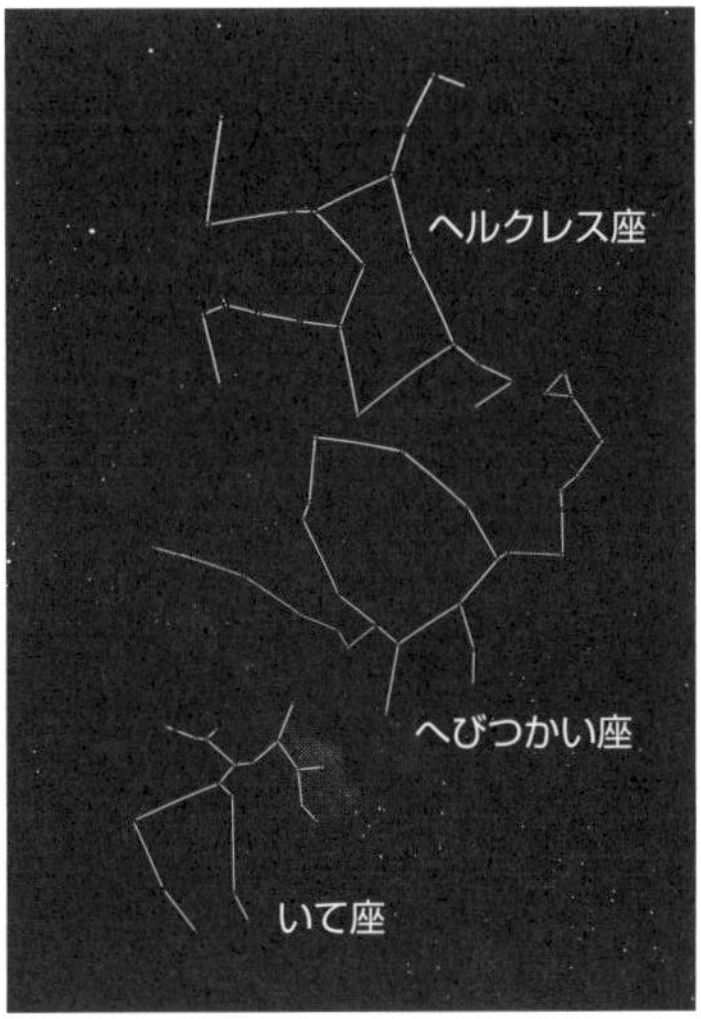

そんな特徴的な星の並びをもつこの星座は、誕生日の星座のひとつ「いて座」です。いて座は「弓を射る者」という意味で、半分人間、半分馬、というケンタウロス一族のひとり「ケイローン」がモデルになっています。

ケンタウロス一族と言えば気性が荒く乱暴者が多いのですが、ケイローンは違います。英雄たちの先生として誰からも慕われていたのです。同じ夏の星座である、「ヘルクレス座」や「へびつかい座」は彼の生徒たち。12の冒険をした勇者ヘラクレスには武術を、へびつかい座のモデル、凄腕の医者アスクレピオスには医術を教えました。

しかし、悲劇は突然起こります。なんと、教え子のヘラクレスが放った毒矢にあたってしまうのです。なんて、イテテなお話でしょう……。

彼は得意げに弓を射るポーズを決めていますが、「弓に射られた者」だったわけです。

星座となったケイローン先生と2人の教え子。もしかしたら今は空の上で「明るい星がなくても星座界で目立つ方法！」なんていう授業を開いているのかもしれません。

いて座の中にはもうひとつ特徴的な星の並びがあります。先ほどの南斗六星の一部から、少し西へ星をつなぐと、ティーポットの形を見ることもできるのです。なんとも可愛らしい星の結び方です。注ぎ口をよく見てみると、ぽぽぽーっと湯気が出ているかのようです。暗闇に目が慣れてきたら、きっと見えるはず。湯気はどこまでも登っていき、もくもくと続きます。

いて座にはティーポットも。

この湯気のような淡い続きを、世界各地では「道」や「橋」にたとえたり、日本では七夕伝説で有名な「川」にたとえます。

……そう、これこそが「天の川」。空に川と見ると、さきほどさそり座でたどった釣り針は見事に天の川にぽちゃんと釣り針を垂らしているように見えてきます。
西洋での呼び名「ミルキーウェイ」には、いて座のミルクディッパーがぴったり。まるでミルクをかき混ぜているかのようです。

都会では探すのが難しい天の川。私が夏の天の川を実際の空でしっかりと眺めたのは、なんと解説員になった後のことでした。

わー！　天の川！　天の川だ！　と、ただただ名前を繰り返して大興奮しまして、目が慣れてくるととても明るく感じるようになり、天の川の輝きで周囲がよく見えるような気がしました。

さて、いつまでも見上げたくなる天の川。この正体をみなさんはご存じでしょうか。
淡い輝きひとつひとつは、すべて星が自ら放つ輝きなのです。この星の大集団を「天の川銀河」と呼びます。天の川を見つめることは、まさに私たちの天の川銀河を見つめること。そして、そのただなかに地球があることを実感できるのです。

✦宇宙旅行へGO!

天の川から銀河へと、スケールが急に大きくなったと感じる方もいるかもしれません。地球から星を見上げても、星は空にぺたっと貼り付いているようで、宇宙空間をイメージするのはちょっと難しい。

でも、みなさん。ここはどんな場所からでも星を眺めることができるプラネタリウムです。ここからは地球を飛び出して、宇宙へ星を見に行ってみましょう。

今から皆さんは、宇宙船コスモ号に乗船したとお考えください。さっそくシートベルトをぎゅっと締めまして、出発進行です。

それでは想像力をぐっとふくらませて、まずは太陽系の中心からめぐっていきましょう。迷子にならないように気を付けてくださいね。

✦太陽はお母さん星

最初に見えてきたのは太陽系のお母さん、太陽です。

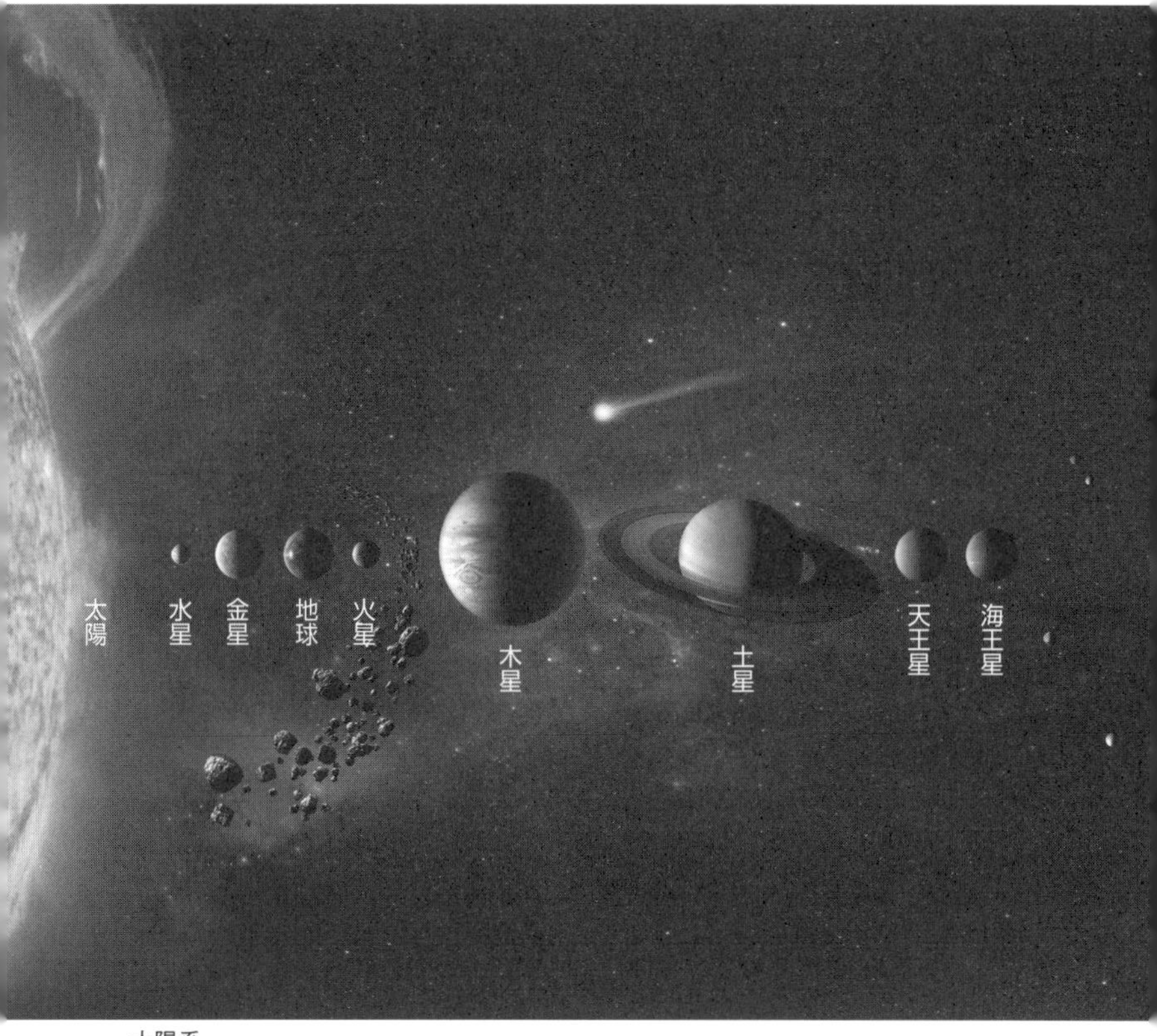

太陽系

太陽が生まれた時の材料の一部で地球や他の惑星も生まれたと考えられていますから、まさに私たちにとってもお母さんのような星です。お日さまの光を浴びると温かくてほっとするのは、お母さん星に包まれているような気がするからかもしれませんね。

太陽が太陽系の中心であることは今の私たちにとってはあたりまえのことですが、昔は違いました。地球から空を見上げると太陽や月や星座の星たちが空を動いていくように見えますから、地球を中心とした「天動説」の考えが生まれたのは自然なことだったのでしょう。

一方で、空を惑うように動く星、惑星を観察し軌道を計算することによって、太陽を中心とした「地動説」を唱える科学者たちが出てきます。こんなふうに地球を飛び出して、なんてことはできなかった時代に地球からの観測と計算だけで真実にたどり着くことがどれだけ大変なことだったたか。先人たちの積み重ねたものを頂戴して、今の私たちは知識を得ることができています。大先輩たちに感謝をしつつ、太陽系の惑星をめぐっていきましょう。

✦水星は、熱しやすく冷めやすい⁉

地球は「太陽お母さん」の温かい光でつつまれている、なんてお話をしましたが、母の愛が強すぎる惑星があります。水星です。

太陽からの距離が一番近い惑星ですから、愛が強い……！　太陽光が強すぎて、最高温度は400℃超え。でも愛を一方的にもらいすぎると、すっと冷めちゃうのでしょうか。太陽光が当たらない場所の最低温度はマイナス150℃以下になります。熱しやすく冷めやすい水星の心をとらえるのは、難しそうです。

地球から水星をとらえようとすると、太陽と近い位置にあるため、日の入り直後か日の出直前のわずかなタイミングしかありません。チャンスがありましたら水星探しをしてみてくださいね。

✦美しき金星

お次は金星が見えてきました。

地球と大きさが似ていることから、地球の双子星と呼ばれることも。双子ならば分厚い雲の中はもしかしたら地球のような星かもしれない！　とNASAの探査機が金星に向かいました。しかし、着陸前に通信が途絶えてしまいます。

実際の金星は、地球とはまったく違うこわ〜い星だったのです。濃硫酸の分厚い雲で覆われていて、ここを通過した探査機が壊れてしまったり。この雲で地表に熱がこもり、温度は480℃くらい。そして表面は90気圧（地球で水深900メートル潜水するのと同じくらい）ですから、すごい圧力がかかっています。自転方向が逆向きなのも、不思議な星です。太陽は西から昇って東へ沈みます。

地球からは、太陽と月の次に明るく見える星で、日が沈んですぐの明るい空でもとてもよく目立ちます。これほど明るく美しい星ですから、美の女神「ヴィーナス」の名前がぴったりです。そして、美しいものには棘がある。この言葉もぴったりな星です。

✦火星に生命は？

地球を通り過ぎて見えてきたのは赤い星、火星です。

赤くて「火の星」と書くので燃えている熱い星なのかな？　と思われるかもしれませんが、地球よりも寒い星です。

じゃあこの赤は何によるものかというと、火星の地面の色。表面はごつごつとした岩と砂漠のような砂地に覆われ、酸化鉄という鉄サビのようなものによって赤く見えるのです。

望遠鏡をのぞいてみると、赤だけでなく黒っぽい模様も見えます。かつて〈スジ状の何かがある〉と発表された後、〈運河のようなものがある〉と誤訳された結果、〈運河を作ることのできる生命体がいるかもしれない!〉と話題になったとか。しかし、現在でも生命体は見つかっていません。……でも、あきらめるのは早いかもしれませんよ。まだ見つかっていない生命ですが、昔はどうだったのか、という研究が進められています。

というのも、40億年ほど前の火星には地球に似た環境があり、海や川が流れていたと考えられているからです。探査機によって、水が流れた痕跡もみつかってきていますから、もしかしたら生命が宿っていたかもしれないのです。見た目も中身も熱い火星の最新情報を楽しみにしつつ、次の星へと向かいましょう。

✦木星とゼウス

小惑星帯を越えると、しましま模様の大きな星が見えて

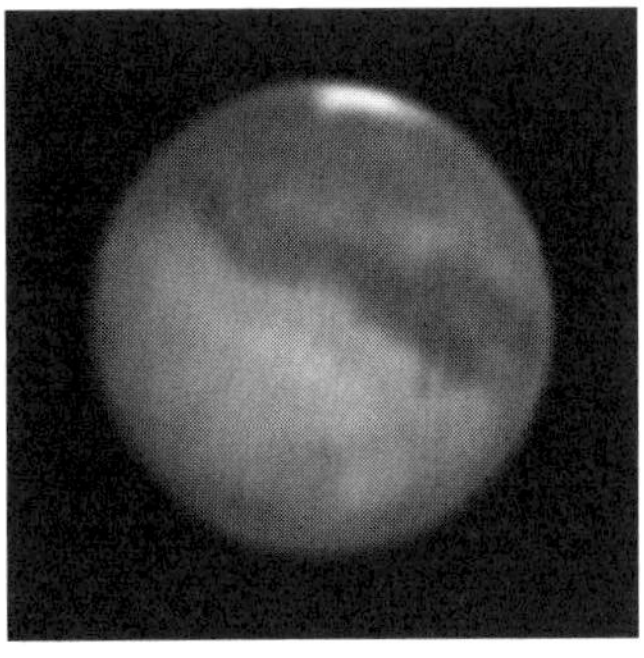

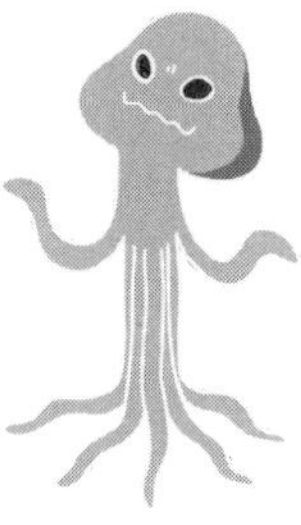

火星、火星人

きました。

紅茶にミルクをまぜたようなあの星は太陽系で一番大きな惑星、木星です。

どのくらい大きいかというと、地球を横に並べたらズラーっと11個並ぶくらいです。主に「ガス」でできた星なので、紹介するときは、もくもく星の木星です！　と名前を呼んだりします。

1610年、ガリレオ・ガリレイが自作の望遠鏡で木星を覗くと、周囲を回る星たちを発見。地球の周りを回る月と同じように木星にも月があり、木星を中心にまわっている。この観測結果から太陽中心の太陽系の姿、さらに地動説をイメージする材料の一つになったそうです。

この時観測された4つの衛星は「ガリレオ衛星」と呼ばれ、木星に近い星から順に「イオ」「エウロパ」「ガニメデ」「カリスト」の名前で親しまれています。木星は大神ゼウスを象徴としていますから、衛星にはゼウスが愛した者たちの名前が付けられているのです。

恋多きゼウスの話は星座の神話に欠かせない存在ですが、地球にとっては木星も欠かせない存在です。

重力が大きい星なので、近くのものを引き寄せ、地球に落ちてくる隕石の数を減らしてくれます。さすがゼウスさま！　私たちのことを守ってくれているんですね。

木星は夜空でもとても明るく見える星ですから、見つけたときには「いつも地球を守ってくれてありがとう」と感謝を伝えると喜ぶかもしれません。

木星、土星

✦ 土星の環《わ》っかを見たい！

星の中でも人気上位に君臨する有名星、土星にやってきました。

特徴的な「環っか」は近くでみると、大小の氷が集まってできています。太陽系で2番目に大きな惑星ですが、とっても軽くて、プールに浮かぶほど。そう思うとだんだん浮き輪のように見えてきます。

この土星の環はとても薄く、望遠鏡で真横から見ると、見えなくなるタイミングがあります。これを「土星の環の消失」と呼び、約15年に一度起こる現象です。土星のシンボルが見えないのは寂しい気もしますが、レア体験でもありますので、ぜひ環がある時とない時の土星を見比べていただきたいです。直近のタイミングは2025年です。

まだ写真でしか土星をみたことがない方もご安心ください。コスモプラネタリウム渋谷で定期的に行う観望会で、土星を見上げることもありますので、ぜひ望遠鏡をのぞきに来てくださいね。

ころがる天王星の不思議

さあ、ここからは寒い寒い氷の世界。太陽からとても離れた氷の惑星へと向かいましょう。

まずは、コテンとお辞儀をしているように自転している星、天王星が見えてきます。大きな星とぶつかって横倒しになったと考えられていますが、自転軸はなんと98度も傾いていますので、コテンどころか深々お辞儀です。ひょっとしたら「疲れたー何にもしたくなーい」と休日の私みたいにゴロゴロとリラックスしているのかもしれませんが……。

天王星は約84年かけて太陽の周りを一周しますから、84歳になったら天王星の居場所を調べてみたいものです。84歳を超えたら人生（天王星）二周目！　を目標に長生きしましょう！

太陽系最果ての海王星

太陽からもっとも遠い惑星、海王星がみえてきました。海の王さまに相応《ふさわ》しく深いブルーの美しい色をしていますが、海ではありません。大気中のメタンが赤い色を吸収してしまうため、青く見えています。太陽からの距離はなんと約45億キロメートル。太陽から地球までの約30倍も遠い存在です。この近くを訪れたのは探査機ボイジャー2号だけ。地球から12年ほどの歳月をかけて近づきました。私たちもだいぶ遠くまできちゃいましたね。

少しスピードを上げて海王星を遠ざかると、彗星の故郷とされる「オールトの雲」もあっという間に通過します。すると、夜空を彩っていた星座がぐにゃっと形を変えていくように見えますね。これはそれぞれの星の地球からの距離が違うため。

一番近い恒星でも光の速さで4年はかかりますから、とてつもないスピードで宇宙空間を移動しているとお考えください。

さらに遠く遠く離れていきますと、星たちが一ヵ所に渦をまいて集まっているように見えてきました。

このぐるぐる渦巻の正体が私たちの銀河系、「天の川銀河」です。

ここには数千億個の恒星があるとされていて、私たちが地球から肉眼で見上げることのできる星はおよそ８６００個と言われていますから、まさに桁違いの数の星がこの天の川銀河にはあります。

天の川銀河

地球から見える星座を結ぶ星は天の川銀河の中でもご近所さん。ほとんどの星たちは、天の川の流れに沿って見えて、地球からは星がぎゅっと集まっているようにしか見えていないのです。

天の川銀河をよく見ると、中心は明るく多くの星が輝いていて、外側ほど淡く星が少ないことがわかります。実はこちら、地球からも見ることができます。季節によって天の川銀河のどの方向を見つめるかによって、天の川にも濃淡があるのです。

夏は天の川銀河の中心を見ているので濃くはっきりと。反対に冬は、天の川銀河の外側を見るので淡いうっすらとした天の川になります。

天の川銀河の周辺にも、ほわほわっと淡い輝きが見えます。この淡い輝きも沢山の恒星から作られた他の銀河たち。

これほど宇宙は広いのです。どこかに生命が育まれていたっておかしくありません。研究者たちはヘルクレス座の方向へ電波を使ってメッセージを送ったり、探査機ボイジャー号に世界のあいさつや音楽、地球はここだよと記した地図をのせたり……今も色々な方法で地球外生命を探しています（私も絶対宇宙人はいるんだぞ！　と信じているひとりです）。

小さな地球にいるからこそ、広い宇宙を知りたくなるもの。

でも、あまりに広すぎて自分たちの星が恋しくなってきちゃいました。そろそろ地球へ戻りましょうか。

✦地球へ帰還

あっという間に地球へ、渋谷の街へ帰ってきました。

こうしてじっと空を見上げても止まって見える星たちですが、地球も太陽もほかの恒星たちも銀河でさえも日々少しずつ動いています。私たちが一生をかけても、それに気づくのは難しいのですけれど。

星たちはお互いの重力によって引き合ったり離れたり、加速したり減速したり、行く道を変えたりしながら、広大な宇宙を旅しているのです。

私たちに置き換えてみても同じことが言えるかもしれません。生まれてから今この時まで、誰かや何かに影響されて、くっついたり、はなれたり、立ち止まったり、スピードをあげたりしながら歩んできたわけですね。

毎日同じような日々を過ごしているように思っても、まったく同じではないように、星空もこの瞬間だけの特別なもの。

といっても日々の中で「今が特別な瞬間なんだ！」と想像するのはむずかしいことでもあります。そんな時は空を見上げてください。その瞬間の星が特別な時間をつくってくれますよ。

今夜はみなさんの行く道の途中で、この瞬間の特別な星空を共有できましたこと、とても幸せに思います。私にとって、解説員デビューをした特別思い入れのある季節をご一緒できたことにも、感謝をこめまして。

ここまでの星空は、笑顔の星空案内人・小久保がお供いたしました。

コラム2
解説員、やらかし失敗談

◇永田美絵

プラネタリウムはすべてライブで行いますから、解説員はみんな、失敗を経験していま す。

突然のトラブルや失敗があっても、なんとかカバーして心地よいひと時を提供するのが私たちの仕事ですが、何事もなかったように……とはいかない場面は多々ありました。

投影の際、解説台のモニターはできるだけ夜空に映らないよう極力暗くしています。モニター画面を見ながらボタンを操作して星座絵や画像を映し出すのですが、暗くて見えずに押し間違うことが、どうしてもあります。

以前、正義の女神アストライア（おとめ座）の話をして、最後にふわっとおとめ座の星座絵を出すつもりが、間違えてかに座を出してしまいました。まったく脈略なくカニが夜空に出てきて、きっとみなさんは「？」と思われたことでしょう。

すーっと夜空に消えたカニは一体何を意味するのか？　お客様に大きな謎を残し、私はおとめ座の話を続けました。

西解説員の失敗は、七夕に天の川の話をした後、七夕飾りの江戸の街並みを映そうとして隣のボタンを押し、ドームいっぱいに海底の様子が映し出されたこと。西解説員はこれを「お客さまを天の川の底に沈めた事件」と呼んでいます。

優しい語りとセンスよい言葉選びで多くのファンを持つ西解説員ですが、コスモスタッフの間では、おっちょこちょいの愛されキャラ。西さんの失敗談はまだ続きます。

解説中は話をしながらBGMをかけたり、ボリューム調整をしたりします。

ある時、西解説員が「音が出ません！」と慌てて連絡してきました。CDをプレイヤーにセットしたのに、どうしても音が出ないと言うのです。もしCDデッキが破損していれば、このあとの投影にも影響がでます。これは大変、と駆けつけたところ、CDはプレイヤーに挿入されていませんでした。別のすき間に押し込まれていたことが判明。ほっとしたと同時にみんなで大笑いでした。

また別のときには、北半球の星空解説中に南半球の話をしようと機械を操作したところ、あり得ない速さで星空を動かしてしまったことも。

西解説員いわく、遊園地の「びっくりハウス」のように猛スピードで星空が大回転したそう。このときのBGMは、宮沢賢治の星めぐりで使用するゆったりとした曲。お客様も驚かれたことでしょう。

コラム2

解説員に失敗エピソードを聞くと、ボタンの押し間違いが多いようです。

田畑解説員が流暢な語りで解説していた時のこと、間違えてボタンを連続で押してしまい、まだ日の出を迎える時間ではないのに太陽を東の地平線から昇らせてしまいました。朝日を浴びて星の話はできませんので、お客様とともに二日目の夜に突入。普段は体験できない2泊3日のプラネタリウムになりました。

これも田畑解説員の経験です。投影中にお客様がドーム内に入ってきてしまい（普段はないことですが）、入口のところでスマホを触り続ける事件が発生。スマホ明かりで暗闇に顔が浮かび上がり、別のお客様がそれを幽霊と勘違いし絶叫。ドーム内騒然。誰もが想定外の体験型ホラープラネタリウムに。

普段はお笑い芸人として多くの舞台に立っている田畑解説員は、トラブルが起きてもその場ですぐに対応できる話術を持っています。司会はお任せして大丈夫、とスタッフからの信頼が厚いのですが、田畑解説員をもってしても予想できない珍トラブルだったようです。

トラブルには、不可抗力によるものもあります。それは機械に関するトラブル。

開館当時に使用していたシステムは映像を映すために何台ものパソコンを同時に動かし

ていました。そのため1台のパソコンに不具合が起こると画面の一部が欠けてしまうのです。

特にお客様の正面の画像が欠けてしまうと、せっかくの映像番組が台無しです。

復旧のため、スタッフのお助け隊が投影中に解説台や機械室で復旧を試みるのですが、これが思いのほか大変です。

星空解説中なのに、「プラネタリウム中は飲み物や食べ物をご遠慮ください」の注意事項がくるくる回りながら出てきたことがありました。もはやトラブルの何重奏でしょうか。

あの時はスタッフ一同、時が止まった気がしました。

秋の章

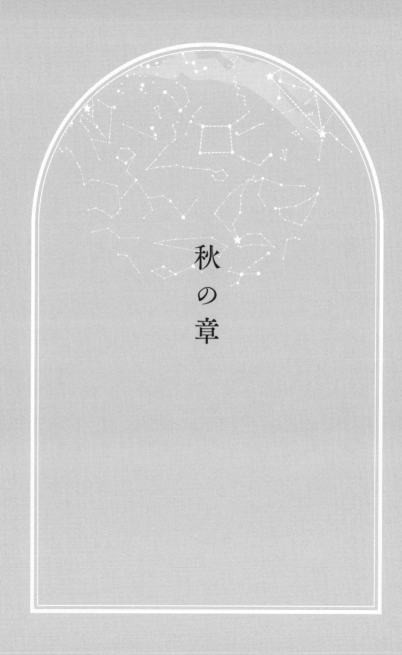

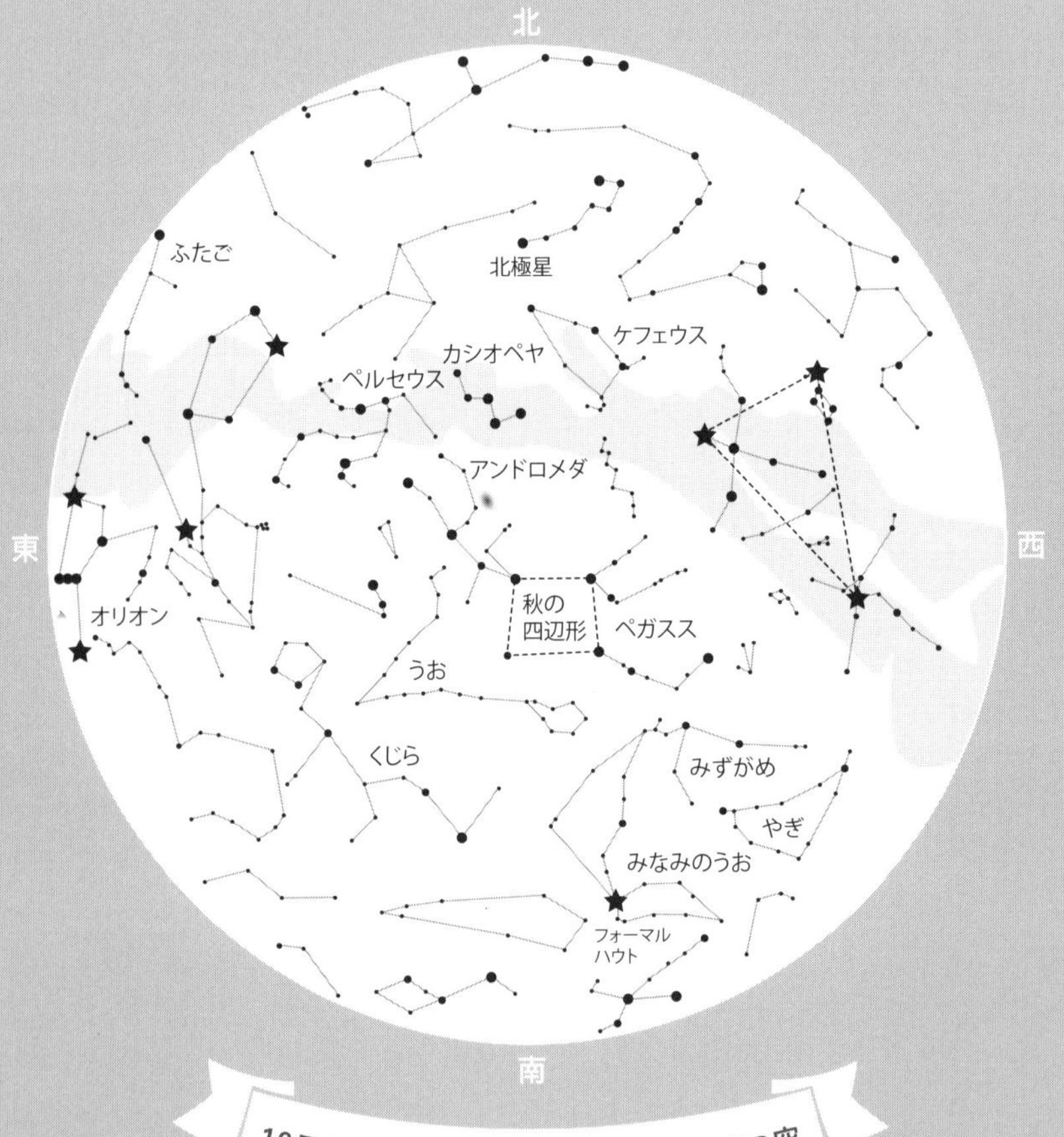
北
南
東
西
ふたご
北極星
ケフェウス
カシオペヤ
ペルセウス
アンドロメダ
オリオン
秋の
四辺形
ペガスス
うお
くじら
みずがめ
やぎ
みなみのうお
フォーマル
ハウト
10月中旬22時頃、11月中旬20時頃 東京の空

国立天文台

夜空を切り取ってみると

✧村山能子

ものを見ることと表現すること

コスモプラネタリウム渋谷では、各解説員はそれぞれの個性を表すキャッチフレーズを持っています。私の場合は「星空を切り取る解説員」。切り取る、とは？　と思われるでしょうが、私はこの仕事以外にもう一つ、切り絵作家としても活動しています。

星座や探査機などを切り絵にしたり、投影の時に華やかにドームを彩るステンドグラス風の切り絵を制作したり、ドームの風景シルエットを切り絵で表現したり、と切り絵の技術を生かした投影を折に触れておこなっています。

　プラネタリウムの仕事の前から活動をしていたので、解説中にも星のお話を分かりやすく伝えるため物語の一場面を切り絵でご案内するようになりました。

　漫画家になりたいと漫画ばかり描いていた時期もありました。一番美しく線を表現でき、見る人から求められるのが切り絵だったので、やがて切り絵がメインになったわけです。ただ黒い紙を切って作る、いわゆる「切り絵」だけでなく、色紙を使ったり、ステンドグラス風にしたりと表現はずっと試行錯誤してきました。最近では水彩絵の具を使うことも増え、切り絵ではなく水彩画で風景を制作することもあります。

　不思議なもので、一度身につけた技術は似たような応用分野でもそれなりに描くことができるようになっていくのが面白いです。絵に関しては、モノを見る目が対象をどう見ているかが大きく影響するようで、解説員としてひとつのものをいろいろな方向から見たり考えたりすることは、絵を描くうえでもいい影響を与えていると感じます。

　逆に絵を描いていることで、違う切り口から星空を眺めているのかもしれません。さまざまな角度から星空の話をお楽しみいただければ幸いです。

秋の星、ぽつんとひとつ

季節の星を見つけやすい南の方を向いて、秋の宵空を見上げてみましょう（132ページ参照）。低い辺りにひとつポツンと目立つ星があります。秋のひとつ星、と呼ばれることもある一等星の「フォーマルハウト」という星です。あの星を見つけたらそのまままっすぐ上を見上げてみてください。少し暗い星でできた横長の四角形が見えてきます。

秋の空の目印、「秋の四辺形」と呼ばれています。先に秋の四辺形を見つけられたら、西側の二つの星を線で結んで低い方に伸ばしていくと、フォーマルハウトを見つけることができます。

では秋の四辺形の東側の二つの星を線で結んでまっすぐ伸ばすと何があるでしょうか。やや暗い星、二等星の「デネブ・カイトス」と呼ばれる星が見つかります。名前の意味は「怪物のしっぽ」あるいは「くじらのしっぽ」。デネブ、という言葉はしっぽとかお尻、という意味で、単に「デネブ」と呼ぶ場合は夏の空に輝くはくちょう座の一等星を指します。「カイトス」という言葉には怪物というような意味があり、あそこには不思議な姿のおばけくじらが隠れているのです。（171ページ参照）

くじら座の星座の絵が全然くじらっぽくない姿なのはなぜでしょうか。どうやら絵のもととなっている生き物は「セイウチ」のようです。日本語訳は「くじら」ですが、正式な星座の綴りとしてはCetus、発音としてはケイトスに近い感じで、「ティアマト」という怪物の姿を描いているといわれます。

ティアマトとはもともとはアッシリアのあたりで信じられていた水の神様だそうで、時代が下るにつれ、怪物として描かれるようになっていったようです。

ですから星の名前として、日本では「デネブ・カイトス」という発音になっているのは、なんとなくわかる気がします。ただし、デネブ・カイトスとよぶ星の名前は国際天文学連合により2016年に正式には「ディフダ」と決められています。

さて、目印としている秋の四辺形は、ひとつの星座の一部分だけ取り出しています。「ペガスス座」という星座です。なぜ、ペガサスではなく、ペガスス、と呼ぶのかというと、星座の呼び名はラテン語風に呼ぶというルールがあるから。英語風のペガサス、ではなくラテン語風にペガスス、なんですね。

秋の四辺形は、ペガススのちょうど胴体部分です。その体の中のあたりに望遠鏡を向ければ、遠いところの銀河を見つけることができるはずです。

また、初めて発見された系外惑星を持つ星「ペガスス座51番星」も秋の四辺形の近くにあります。１９９５年にこの星に惑星があると観測によってわかるまでは、恒星が惑星を持つのは非常に珍しいか、もしかしたら太陽だけではないか、と言われていました。さらにその中で、生命が存在する惑星は地球だけでないか、とも言われていたのです。

しかし、それを覆したのがペガスス座51番星の系外惑星の発見でした。

それまでは、宇宙人の存在もＳＦの中だけで、科学の分野で大真面目に議論されることもなく、一笑に付されるような話題でした。

最初に見つかった系外惑星は「ホットジュピター」と呼ばれる中心の恒星から非常に近い場所を回る、木星のように大きなガスでできた惑星でした。もし、惑星があるならば、太陽系のように恒星の近くには主に岩石でできた惑星がめぐり、遠いところをガスでできた惑星がめぐっているだろう、と誰もが考えていたので、その常識を覆す惑星の発見は衝撃的だったといえるでしょう。

常識では測れない星が宇宙にはたくさんある、と認識されてからというもの、それまでの観測データを見直した結果、系外惑星を持つのではないかと疑われる星がたくさん見つかり、系外惑星の研究は大いに飛躍したのです。

現在では、系外惑星を持つ星は５０００個以上見つかっており、その中には地球のよう

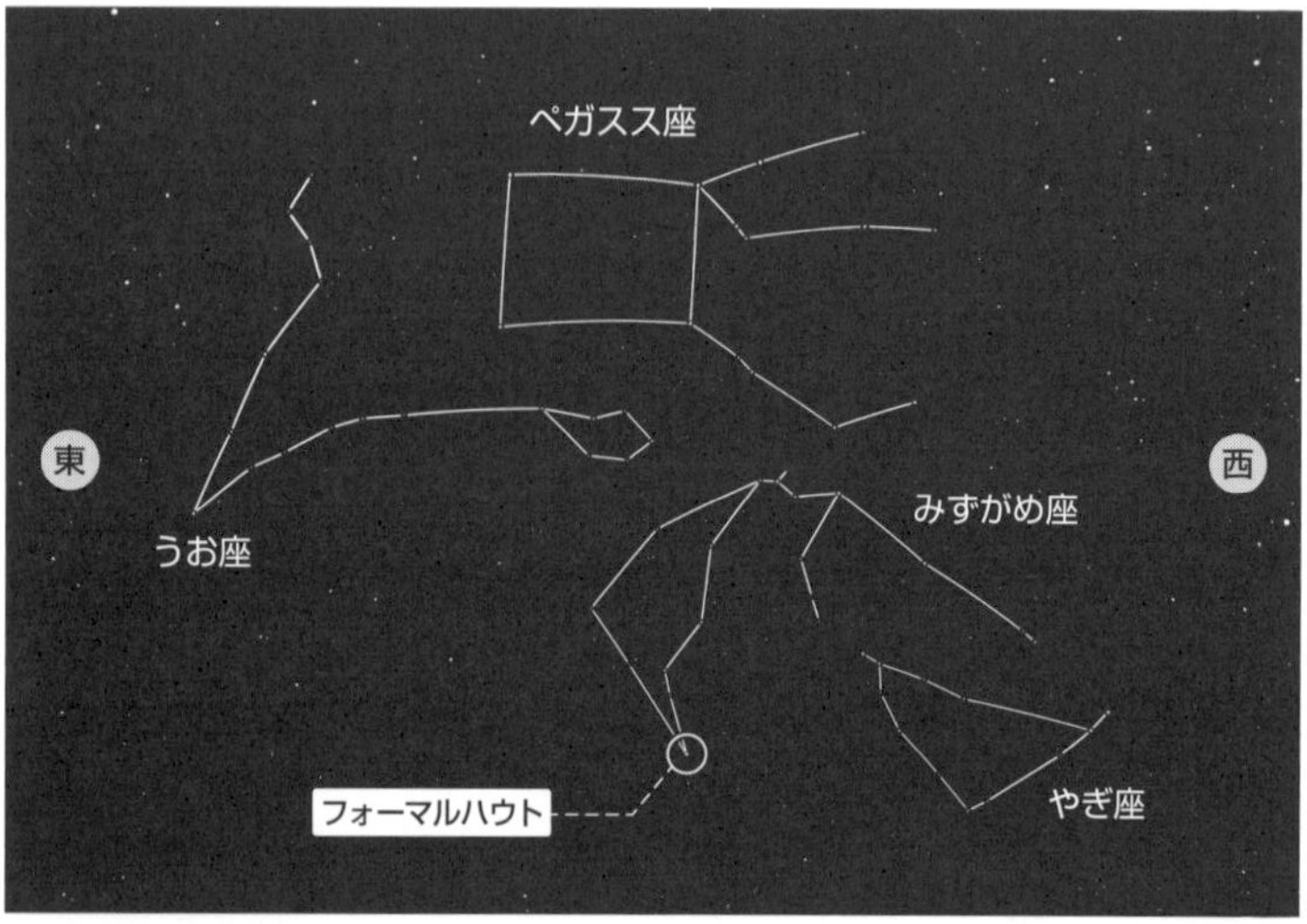

「秋の四辺形」はペガススの胴体部分、秋のひとつ星・フォーマルハウトはみずがめ座からこぼれる水の先にある。

に生命が存在できるであろう惑星を持つ星もたくさんあると考えられています。

さらには、天の川銀河だけでも1000億の惑星を持つ星があり、宇宙には銀河が2兆個ほどある、と言われています。ならば、まだ出会っていないだけで、この空のどこかには私たちのように星空を見上げてどこかの星にいる誰かに思いをはせている存在がいてもおかしくないと考えると、壮大な気持ちになってくるかもしれません。

神々の宴にまつわる星座

さて、星座のお話に戻りましょう。フォーマルハウトとペガスス座の間には暗い星でできた誕生日の星座があります。

美少年ガニュメデスの姿を描いた「みずがめ座」です。

ガニュメデスはとても美しい男の子でした。それを気に入ったギリシャ神話で一番偉い神様のゼウスが、神様たちの世界へ連れてきました。

ガニュメデスは頻繁に開かれる神様たちのパーティーでお酌をするため、星座として描かれる際は神々の飲むお酒の入った水瓶を持っています。ただし水瓶はなぜか下向きです。

これでは中身が全部こぼれてしまいますね。

それがもったいない、ということでやってきたある生き物がフォーマルハウトを含む星座になっています。お酒を飲む生き物――いったい何でしょう？　なんだと思いますか？

フォーマルハウト、という言葉には「魚の口」、という意味があります。星座の絵では、大体ひっくり返った姿で描かれる魚の口のあたりに確かにフォーマルハウトが見えているのがわかります。「みなみのうお座」です。どうしてひっくり返っているのか、といえば神様たちの飲むお酒がこぼれてしまってはもったいないということでどこからともなくやってきて、おなか一杯飲んでしまったので、すっかり酔っぱらってひっくり返っているのだそうです。

さて、みなみのうお、と聞いて「あれ、うお座じゃないのかな？」と思う方も多いはずです。みなみの、がつかないうお座は、秋の四辺形の東側の下の角を大きく取り囲むように、Ｖの字に暗い星が並んでいるあたりです。

星座の絵では二匹の魚がリボンで結ばれて描かれています。あの魚はどちらも神様だといいます。

１人はギリシャ神話に登場する美の女神アフロディーテ、もう１人はその息子のエロス。２人は仲の良い親子です。ある時親子が川べりで散歩を楽しんでいると恐ろしい怪物が現れたので2人は魚に変身して川に飛び込んで逃げようとしました。しかし川の流れがあまりに早くはぐれてしまいそうになります。

そこでお母さんのアフロディーテがぱっとリボンを取り出して自分と息子のしっぽに結び付けたといいます。おかげではぐれることなく無事に逃げ切ることができました。星座に描かれているのはその時の姿だといいます。

うお座の2人は上手に怪物から逃げることができましたが、ちょっと失敗した神様もいます。


みずがめ座よりも西側に暗い星が笑った口のような形に並んでいる部分の星座、やぎ座の絵を見てみましょう。

やぎ、と言いつつ後ろ半分がおさかなで、なんだか不思議な姿です。

やぎ座に描かれているのはギリシャ神話の牧場の神様パーンです。パーンは楽しいことが大好きで、神様たちのパーティーがあると聞きつけては喜んで参加し、楽しく踊ったり歌ったりとパーティーを楽しんでいました。

そんな楽しいパーティーに招かれざるお客がやってきてしまいました。台風の語源になったという「テュポーン」という怪物です。

誕生日の星座としておなじみのやぎ座、みずがめ座、うお座。

神様たちは慌てて生き物の姿に変身して逃げ出しました。ギリシャの神様たちは生き物に変身するのが得意なのです。

ゼウスは鷲や白鳥に変身したり、ある時は牡牛や、金の雨に変身しました。パーンもびっくりして一番変身するのが得意な山羊の姿で逃げ出したのですが、その先には大きな川がありました。

さあ、困りました。後ろには怪物、目の前には大きな川。どうしよう、どこに逃げよう、と大パニックになり、ええい、ままよ！　と目の前の川にそのままドボン！

すると水に浸かった下半身が再び変身、半分魚になったのにも気づかず必死に逃げ続け、ようやく逃げ切った、とほっとしてほかの神様と顔を見合わせたら、おかしな姿になっていることを笑われてしまいます。その姿があんまりにもおもしろかったので、そのまま星座に上げられてしまった、といいます。

パニック、という言葉はパーンが語源だそうで、あまりにも慌てると失敗してしまうってことですね。パーンは大失敗を星座にされてしまって、ちょっとかわいそうな気もしますが、星の並びをもう一度見てみると、笑った口の形ですし、パーンは楽しいことが大好きな神様ですから、にっこり笑ってあげると喜んでくれるかもしれません。やぎ座の星の並びを見つけたら、ぜひにっこり笑ってあげてくださいね。

✦水の星座は幸運を呼ぶ？

さて、ご紹介した4つの星座はどれも水に関係しています。やぎ座は後ろ半分が魚になっていますし、みずがめ座は水をこぼし、その先には魚もいます。そういえばさっきはくじら座、という怪物の星座もご紹介しましたね。うお座も水の中に住む魚の星座ですし、どうしてこの辺りに水にまつわる星座が集まっているのでしょうか。

これにはいくつかの説があります。ひとつが、古代の人々はこの辺りを空の世界における海だと考えていたからだ、というのです。その証拠となる星が、夏の名残のいて座の星「ヌンキ」だといいます。

ヌンキとは、古代メソポタミアの地域で使われたシュメール語で「海の始まり」を意味する、という説があります。いて座のあたりから空の世界の海が始まり、やぎ座、みずがめ座、うお座、くじら座のあたりを海として考えていたというのです。

だから、あのあたりには水にまつわる星座が多いのでしょうか。空の世界の海の上を飛ぶように見えるペガスス座のペガサスはお話の中でも海を越えて空を飛んでいましたし、うお座の東側のおひつじ座になったという金の毛皮を持つ羊は、継母に虐げられた兄妹を救うため、海峡を越えたという神話があり、確かに空の世界の海の上を飛んでいるようにも見えます。空なのに海の世界が広がっている、という見方はなかなか面白いなと思います。

また、星座の原型を作った地域であるメソポタミアのあたりでは、この辺りの星座が空に見えるころ、雨季がやってくるから、水にまつわる星座が多いのだ、という話もあります。

雨季と乾季がある地域では雨が降らない時期は乾燥して作物もとれません。雨はまさに恵みの雨で待ち遠しい存在であり、だからこそ目印として水にまつわる星座をこの辺りに配置したというのです。

恵みの雨は幸運をもたらす、とみられたからか、この辺りの星座の星の名前には「幸運」という意味を持つものが多くあります。

特に幸運という名が多く集まっているのはみずがめ座です。

そもそも、恵みの雨をもたらすように水をこぼしていますから、豊かさをもたらす幸運の星座と見たのかもしれません。メソポタミアの時代から、ここには「水をこぼす男」の姿が描かれていました。

暗い星でできているみずがめ座の中で、一番目立つ三ツ矢のマークに似た星の並びの、西の端の低い位置の星はサダクビアという名前で「隠れ家の幸運」という意味があります。砂漠の旅では、隠れ家はさぞほっとする場所でしょう。そんな場所での幸運を表す星と見たのかもしれません。

さらに西に星をたどると「王の幸運」の意味を持つサダルメリク、さらに西へたどると「幸運中の幸運」を意味するサダルスウドがあり、さらにその西の星はアルバリ。「食べるものの幸運」を意味します。

こんな風にみずがめ座の星々をたどると次々と幸運を見つけていくことができるのです。また、やぎ座のナシラという星の意味は一説によると「幸運をもたらすもの」といわれているようです。

さらには、ペガスス座の、秋の四辺形より西寄りの、ちょうど馬の頭と前足のあたりにある星にも、幸運にまつわる名を持つものがあります。

ペガススの首辺りにあるホマンは「王を守護する星」。守ってくれる星ですから、これもまた王の幸運の星といえます。さらにマタルは「雨を守護する星」、ビハムは「羊たちを守護する星」、サダルバリは「賢者を守護する星」という意味があり、同じように考えれば雨の幸運、羊たちの幸運、賢者の幸運といえるでしょう。ちょうど先ほどご案内したみずがめ座の幸運の星々の上あたりにある星にそのような名前が付けられています。

どれも暗い星ばかりですが、幸運という意味を持つ星だからこそ、見つけにくいのかもしれません。

✦ハロウィンと暦

最近、秋に盛り上がるイベントに、ハロウィンがあります。

星とは関係がないように思われるイベントですが、ハロウィンは元々ケルトの暦と関係があるようです。

では、ケルトの暦ってどんなものでしょう。

ケルト、という言葉はどこかで聞いたことがあるかもしれません。

古代のヨーロッパで、キリスト教以前のさまざまな神様が信じられていた時代、フランス周辺からイギリス、アイルランドのあたりまで自然信仰を中心とした古い文化がありました。その中で使われていた暦でした。

19世紀まで忘れられていた文化でしたが、アイルランドで大飢饉があり、アイルランドから移民が大量にアメリカにわたったという事もあり、自分たちの文化を見直そうという機運が高まって、再発見されたものだったようです。

ちなみに、ハロウィンで飾られるランタン、「ジャック・オー・ランタン」は元々アイルランドではカブで作られていました。また、ウィル・オー・ウィスプという、アイルランドなどに伝わる幽霊のような魔物の持っているランタンを表しているというお話もあります。ウィル・オー・ウィスプはひとけのない水辺で人を惑わせたり、逆に道案内をすることがあるそうです。悪い霊を遠ざけ、良い霊を近づけると言われています。

確かに元々のカブのランタンは見た目が不気味なので、悪いものすら怖がって寄りつかないかもしれません。


さて、ケルトの暦では一年を4つに分けて考えていました。

春は、2月1日の「インボルク」というお祭りから4月30日まで。インボルクでは、女神ブリジットを祀って春を祝ったようです。

4月30日は冬の魔物が最後に大暴れをする「ワルプルギスの夜」。ドイツのブロッケン山で魔物たちがパーティーをする、とも言われています。

シェイクスピアの『夏の夜の夢』の舞台は4月30日で、ワルプルギスの夜のイメージがあるようです。

5月1日の「ベルテーン」から7月31日までが夏。

ベルテーンにはかがり火をたいてお祝いをしたようです。7月31日は『ロミオとジュリエット』のジュリエットの誕生日で、翌日の秋の最初の日、収穫祭でもある「ルーナサ」の豊穣の女神のイメージも重ねられている、と見る解釈もあるようです。シェイクスピアもこの古い暦を意識していたようですが、明確には描いていません。

8月1日が、「ルーナサ」（別名「ラマス」）という収穫祭。麦わらで作った女神像を祀るお祭りを催す地域もあるとか。その最終日が10月31日、一年の最後の日です。

大晦日にあたる日、死者を悼み、死者と共に食卓を囲みました。仮装した子ども達がお菓子をねだるのは、供養の意味合いもあるとのこと。

なんだかちょっとお盆のようなお祭りなのですね。昔の日本のお正月は、死者が訪ねてくるので、一緒にお祝いをする、という意味合いも持っていたとも聞きます。節目毎に死者と食事を共にする、というイメージは案外色々な民族が持っているものなのかもしれません。


あらためて、冬の始まりの前日に行うお祭りが今のハロウィンに受け継がれているというわけです。

冬はワイルドハントという神々の狩りの時期で、人間が獲物として狙われる闇の時期として見られていたようです。この時期以降、「よき隣人」と呼ばれる妖精たちは少し怖い存在としておそれられ、いつも以上に近寄らないよう気をつけなければなりません。

今は妖精と呼ばれ、力を失っていても彼らはもともと古い神々だと言われます。

ワイルドハントの伝説は北欧の方でも信じられ、北欧神話などにも神々の狩りとして取り入れられているようです。

それにしても、冬から一年が始まるのはなぜでしょう。

冬は、たくわえを使って暮らしていく時期で、計画を立てることがとても重要になります。この一年をどうするか考えていく時期であり、一年の始まりと考えられたようです。

ケルトの世界では、その時期、光がどんどん減っていく、という事から闇の半年と捉え、この時期を支配しているのは柊《ひいらぎ》の王だ、と考えていたようです。逆に夏からは光の半年と捉え、その時期は樫《かし》の王が支配するのです。

闇と光を司る樹木の王のイメージで、2人の王が半年ずつ支配し、その力が拮抗したり、圧倒したりという考え方なのですね。

自然を人として、王として、あるいは神として見る。そういった考え方は、私たちにとってもなじみ深い感じがしますね。

✦北欧神話のふたごの目

さて、秋から冬に移り変わるころ、空には狩人（オリオン座）が犬を引き連れ空に現れます。北欧ではその姿をオーディンという神になぞらえてみていたといいます。

他にも北欧神話にはある星座が思いがけない登場人物として描かれています。

ふたご座の一等星ポルックスとそばに並んで見える二等星のカストルです。

双子の兄弟星が、どんなものとして描かれているでしょうか。

あるとき、3人の神様が旅をしていました。隻眼のオーディンといたずら者のロキ、ヘーニルという神様です。一日の終わりに野営をする際、集めた薪で火をおこし、肉を蒸し焼きにして食べようとしていたのですが、一向に肉に火が通りません。

神々が首をかしげていると、近くの木にとまった鷲が口をききます。「肉を分けてくれるなら、ちゃんと焼けるようにしてやろう」

実は、鷲は巨人が化けた姿で、巨人が魔法をかけていたので肉が焼けなかったのです。巨人が魔法を解き、おいしそうなにおいが漂い始めます。

食べごろになった肉のうち、いい部分を鷲がほとんど持って行ってしまったので、怒った神々は鷲を捕まえようとしました。ロキは棒を振り回し、鷲をたたこうとしますが、鷲に棒が当たるとくっついてしまい、そのまま空高く連れ去られてしまいました。

手を離せば墜落するので、ロキは鷲に連れ去られるまま飛んでいきますが、鷲はわざとロキの体が木々にこすれる高さで飛び、こんなことを要求します。

「助けてほしければ、イズンにリンゴを持ってこさせろ」

イズンのリンゴは特別なリンゴで、神々は永遠の若さを保つことができます。リンゴを管理する女神がイズン。彼女の許可なく神々のリンゴを手に入れることはできません。ロキは耐え切れなくなり、要求をのみました。

こうしてロキは言葉巧みにイズンにリンゴを持たせ、神々の国の外へ連れ出すと、巨人が変身した鷲が素早く彼女をさらいます。リンゴを食べられなくなった神々はたちまち老い始めました。

イズンを取り戻そうとロキは鷹の姿になって巨人の館に忍び込み、彼女を木の実に変えて摘みあげ、爪に挟んで逃げます。一方、巨人は、鷲の姿で追いかけますが、神々の助けにより放たれた火は鷲の羽に燃え移り、巨人は亡き者となりました。

神々の狩り「ワイルドハント」と「巨人・ジアチの目玉」

その後、巨人の娘スカジが父の死の復讐のため、神々のもとへ乗り込んできました。神々は彼女と和解しようと、彼女が望んだ神との結婚を持ちかけました。

スカジは、美男子と名高い神バルドルと結婚したいと考えていましたが、神々が出した条件で相手の足だけを見て選ぶことになり、一番美しい足のニョルズという海の神と結婚することに。ニョルズは美丈夫、という方がふさわしい神で、スカジは怒りが収まらなかったのですが、ロキが彼女をなだめ、父の巨人を讃えてその目玉を空の星として二つ並べて天に上げることにしたので、怒りをおさめたといいます。

このお話に登場する巨人の目玉がふたご座の二等星カストルと一等星のポルックスの星の並びだといいます。日本でも目玉星と言われることがあります。

双子座はかなり高いところまで上りますので、高いところにある目玉は巨人のイメージとよく合います。

秋は物思いにふけるにもいい時期です。ぜひ空を見上げて、星空に隠された様々な物語や、そこから想像できるイメージの世界を楽しんでみてください。

芸人、星を追いかける

◇田畑祐一

✦お笑いボイジャー

ここからは星空MCの田畑が秋の星空をご案内させて頂きます。

まず解説員のわたしの自己紹介を簡単にさせてください。

わたしはコスモプラネタリウム渋谷で解説をするかたわら、吉本興業でお笑いの活動をしています。

子どもの頃から宇宙が大好きで、小学生の頃に行った京都のプラネタリウムの星空に魅了され、こんなところで働けたらお金もいらねーよ、と思ったのがきっかけでした。

芸人で宇宙のことをこんなに本格的に追いかけてる人間はいないとよく言われます。芸人だと何か仕事につながることを探してアルバイトを始めたり、趣味にしたりするんですけど、わたしは何も考えず「好きだから」の一択で解説員の仕事を始めてしまったのです。

お笑いの劇場でも「宇宙のライブ」を行うところまで来てしまいました。太陽圏を脱出して深宇宙へとつき進むボイジャーの境地です。しかし、そんなライブを行っていると徐々に芸人の見学も増えてきて、今ひそかに芸人の間で話題のライブとなってるんだそうです（劇場スタッフさん調べ）。

そして最近は「実は僕も宇宙好きなんですよ」と楽屋でこっそりと、まるで秘密結社のように声をかけられるようになり、「宇宙のライブ」終わりの芸人の楽屋でブラックホールの話をしたり、最新の宇宙論の話をしていたりします。実はみんな宇宙が大好きなんだと知りました。職場のお昼休憩でランチをしながらしゃべるほどではなくても、仕事終わりにプラネタリウムに行ってみたり、さらには夜寝る前に宇宙系の YouTube を見ながら眠りに落ちる人、結構いらっしゃるのではないでしょうか。

わたしもそんな皆さんと同じで、子どもの頃から宇宙の魅力に取りつかれ、（わたしの場合は）よく分かりもしないのにNewtonの雑誌を親にせがみ、何だかこの世界のことを分かったつもりになっていた少年時代でした。

そこから色んなことがあってお笑いを志す人間に変態しましたが、以前のコンビを解散したところで、「解説員の仕事がしたい！」と改めて思い、コスモの門を叩きました。その時は募集がなかったので他のプラネタリウムで接客のアルバイトをしていたのですが、コスモの募集がかかったところでご連絡を頂いて、解説員になる夢をかなえることができました。

プラネタリウムでは流れ星にお願い事をすると叶うというのが公式の見解ですが、流れ星が見えない時間はどんどん自分から行動してみる方が良いというのが個人の見解です。

そんな私が秋の星空をご案内させて頂きます。是非、宇宙が膨張していることを受け入れた時のような寛大な心で読み進めて頂ければ幸いです。

✦「秋の星空ってさ……」

さて、皆さんは星を見上げた経験はありますか？

地球という惑星に生きていて、星を見上げたことがない人なんて誰一人いないですよね。

なにかを成し遂げたとき、恥ずかしい失敗をしたとき、気持ちが晴れているとき、気持ちが落ち込んでいるとき、様々な場面で星空を見上げてきたのではないでしょうか。

わたしは20代の頃お付き合いしていた彼女に、芸人として頑張っている自分がどれぐらい輝いているか、夜空の星を指でさして教えてもらったことがあります。どんな星を指さしてくれるんだろうとワクワクしながら待っていると、彼女の指さした方角に星はひとつもありませんでした。わたしが慌てて指をさしたあたりに星がないと伝えると、「あのあたりにぼんやりない？」と言われました。ぼんやりの時点でアウトではないでしょうか。

さて、まず皆さんに東京の20時の星空を見上げて頂いています。星は見えますか？　なかなか明るい星が見当たりませんよね。都会では秋の夜空で星を見つけるのに苦労するかもしれません。

秋の夜空で星を見つけるなら、20時頃の南の方角の地平線近くを見ると見つかります。見つかりましたか？

あそこにポツンと明るい星がひとつありますよね。あれが秋の唯一の明るい星「フォーマルハウト」という名前の一等星です。

一等星というのは星の明るさの等級において、一番明るく見える星です。次に二等星、三等星、四等星と続きますが、明るさでは約2・5倍ずつ明るさが変化して、人間の肉眼で見ることのできる六等星から一等星は100倍も明るさが異なるんです。

これを先ほどの彼女に話したら「計算早くない？　そろばん習ってたの？」と言われました。まさか、星の知識よりも計算の速さで驚かれるとは（もちろんこれは暗算したのではなく、ただの知識として覚えていただけです）。

そんなフォーマルハウトが今晩もそろばんの数珠《じゅず》のように輝いています。都会に暮らしている皆さんは、是非南の地平線近くに星を探してあげてください。街の明かりに負けないようにフォーマルハウトがポツンとひとつ今日も頑張って輝いていて、そんなフォーマルハウトを見て人々は「秋のひとつ星」と呼ぶようになったんです。


ところで、秋の星空について個人的に思うことがあります。皆さんご存じでしょうか？それぞれの季節にはその季節の大三角が存在することを。その季節の明るい星をつなげて大きな三角を夜空に結ぶのです。春の大三角、夏の大三角、冬の大三角。

しかし、秋だけは「秋の四辺形」になるんです。これは奇妙です。きっと秋も大三角で行きたかったはず。しかし、秋の一等星不足から二等星と三等星の星を使って他の季節と肩を並べる作戦に出たのではないのでしょうか。さらに言うと、他の季節は各々の星座からひとつずつ星を使って三角を作っていますが、実は秋は2つの星座から4つ星を使っています。

台所事情がかなり厳しい季節なんです。派手ではないけれど自分たちの星空でどうやって他の季節と闘っていくか。その答えが「秋の四辺形」だと考察しています。ただ、その四辺形にフォーマルハウトが入っていないことが可哀想すぎる。外されたフォーマルハウトは一体どんな気持ちで秋の四辺形を見ているんでしょうか。

さぁ、フォーマルハウトに同情を寄せていると、段々と目が慣れてきて二等星たちが見えてきました。うわさの秋の四辺形も輝いています。

南の地平線の上に輝くフォーマルハウトから目線をすーっとあげていくとぶつかる4つの星。アルフェラッツ、シェアト、マルカブ、アルゲニブ。結ぶと大きな四角の形。これが秋の四辺形です。東京でも二等星の星は見つかるんですね。でも、ゆっくり見上げないと見つからないかもしれません。秋とはそういう季節です。

星なんて見えない、というならそれは忙しすぎる日々を送っているのかも。今の自分は余裕がないなと思われた方は、秋の四辺形が見えてくるまで、少しその場を動かず秋の星空を眺めてみてはいかがでしょうか。

✦〈秋の満天の星〉

それではここからは秋の満天の星を見上げに行きましょう。街の建物の明かりをすべて消すと、街の明かりに負けてしまっていた星たちが姿を現してくれます。プラネタリウムはそれができますから。

今から街の明かりを全部消したいと思います。10数える間だけ、皆さんは目を閉じておいてください。10、9、8、7、6、5、4、3、2、1、0。

ではは目をあけてください。

いかがでしょうか?

ため息が出るぐらいの数えきれない星々。これが東京の星だなんて信じられませんよね。

永遠に見ていられる星空。これが毎日私たちの頭の上に出ているなんて。

秋の星空は少々地味です……。

でも本当に毎夜わたしたちの頭の上にこれだけの星が輝いて、わたしたちを照らしてくれているんですよ。知っていますか？　星の明かりで影ができることだってあるんです。確かにこれだけの星々がわたしたちを照らしてくれていたら、影ができるのも頷けますよね。

満天の星ってなかなか見ることができません。解説をしているわたしも、人生において満天の星を見上げた経験なんて指で数えるぐらい。でもその一回一回が本当に感動的で、どれもが強烈に思い出に残っています。満天の星をみると、ようやくわたしたちは宇宙空間のただ中で、地球という惑星に暮らしているんだと実感することが出来るんです。それは頭で理解するというより、肌感覚で感じ取ることができるといった方が近いかもしれません。

今、見上げている星々はざっと4000から5000ほど。人間の肉眼でみえる六等星までの数がそれぐらいです（北半球のみの数字）。

昔、友達と一緒にグランドキャニオンで星空を見上げたことがあるんですが、その時もこれに負けない満天の星が輝いていました。その星空にただただ感動していたわたしですが、その横で友人は「ちょっと怖いよな」と言いました。こんな綺麗な星空に何を言うか！　と怒ってもよかったんですが、同じ感覚が僕の中にもあったんです。

そう。宇宙ってとても恐ろしいところです。水もなければ酸素もなくて、生物が生きられる環境はそこにはない。まったく生命の匂いがしないのが宇宙空間です。そんな宇宙の中で生きていて、少し地球の外に出たら、わたしたちは1分ともたずに死んでしまいます。そんな死と隣り合わせの環境で生きていることを教えてくれるのも満天の星なのかもしれません。だから地球というのはかけがえのない惑星で、今ある環境を大切にしなくてはいけないと考えさせられます。

満天の星を見て込み上げる感情や思いは、見た人の数だけあります。僕が美しいと感じている間、友人は怖いと感じていたように。でも満天の星を見て心動かされない人をわたしは見たことがありません。人生観を変えるときには（今のところ）わざわざインドに行

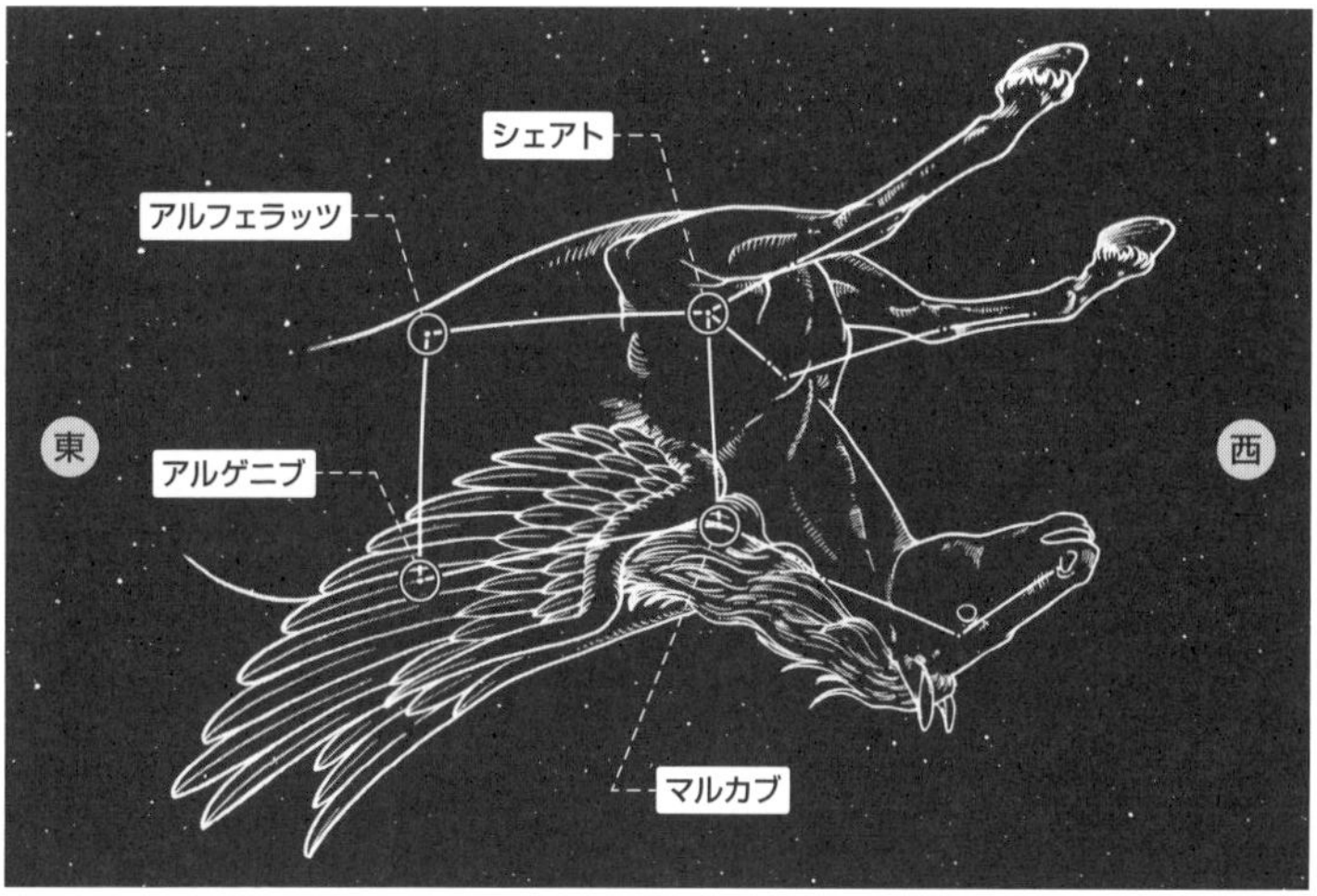

ペガスス座

かなくてはいけませんが、そんな時間がない方は日本の満天の星で気軽に変えにいくというのもおすすめです。皆さんは満天の星を見て、心に何を思われましたか?

✦秋の星を駆けめぐる

思わず声が出てしまうような美しい星空。さぁ、ではここから満天の星をゆっくりとめぐって行くことに致しましょう。秋の星めぐりのスタートは、20時の満天の星、頭の上に輝く秋の四辺形から。星が多すぎてちょっと見失った方は、南の地平線に輝くフォーマルハウトを目印に頭をあげていってください。ほぼ頭の上ほどの高さで秋の四辺形とぶつかります。

秋の四辺形は、ある空想上の生き物の星座の胴体の部分なんです。四辺形の中のマルカブから斜め下へと星を繋いでいくと、その部分がその生き物の首と頭にあたります。次にシェアトから斜めに星を繋いでいくと、その生き物の2本の足の出来上がり。これで秋の星座を一つ捕まえました。その生き物は「ヒヒーン」と鳴きながら、胴体に生えている翼でこの夜空を駆けめぐります。

ピーンと来られた方はいらっしゃいますか？　30代後半から40代の方は「流星拳」や「彗星拳」というと、あの星座かな？　と分かる人も出てくるかもしれません（わたしはあの漫画が大好きです）。あの四辺形の部分に輝いている星座は、天馬の星座「ペガスス座」です。

ペガスス座を見つけたら、ペガススのお腹の星に注目してみてください。そこには「アルフェラッツ」という二等星が輝いています。あの「アルフェラッツ」という言葉の意味はアラビア語で「馬のへそ」。なんとわかりやすい名前なのでしょうか。名前というか、ただ場所を言ってるだけのような気もしますね。チゲ鍋のチゲがそもそも「鍋」という意味であるぐらい衝撃です。星座にはそのようにストレートネームがたくさんあるんです。

しかし、あの「馬のへそ」は、今では馬のへそにはあらず。なんと女性の頭の星になっているのです。どんな革命が起これば、馬のへそが明日から女性の頭になるんでしょうか。カストロも舌を巻く革命が起きたに違いありません。本当に星座にまつわる話は信じられないようなことが起こります。そんな馬のへそという名前の女性の頭の星から、次の秋の星座を繋いでいきます。

アンドロメダ姫とその両親

アルフェラッツから左の方へアルファベットのAを描くように、細かな星を繋いでいきます。どうでしょう、繋げましたか？　そうすればとても美しいお姫様の星座を捕まえたことになるんです。30代後半から40代の方は「ネビュラチェーン」と言うと、あの星座かな？　と思われる方も多いかもしれません（そうです。わたしはあの漫画が大好きなのです）。あのあたりに輝く星座は、古代エチオピア王家のお姫様であるアンドロメダ姫の星座「アンドロメダ座」です。

星の繋ぎ方でいうとさらに細かくも出来ますが、満天の星で見つけるときにはアルファベットのAをイメージして繋げるのが分かりやすいですね。

アンドロメダ座を見つけられたら、一緒にアンドロメダ銀河も探してみましょう。アンドロメダ銀河はわたしたちの暮らす天の川銀河のお隣にある銀河で、距離で言うと250万光年ほど離れています。これがどれぐらいの距離かと言いますと、1秒間に地球を7周半できると噂の光の速さで250万年かかる距離にあるということです。

めちゃめちゃ遠いじゃねーか！　と言いたくなる距離にあるアンドロメダ銀河ですが、これでも宇宙の中ではお隣の銀河なんだそうです（お隣さんへの挨拶には賞味期限が250万年あるお菓子を持っていきましょう）。

アンドロメダ銀河は肉眼で見える一番遠い天体のひとつになります。肉眼の最遠記録を更新するなら秋がおすすめです。ではそのアンドロメダ銀河はどこにあるのか。アルファベットのAの横棒がありますよね。この棒を延長した先に、ぼんやりと輝くところがあるのがお分かりになりますか？　少し明るくなっている場所があるんです。アンドロメダ銀河です。見えましたか？　本当にほのかな明かりだけですから。

もし分かりづらい場合はAの横棒の反対側あたりの星を見ながら、意識だけを先程の場所に飛ばしてみてください。急に難しいことを言ってますね。

双眼鏡や望遠鏡がある方はもちろんそのまま見て頂いて、でもそれらを持っていない方は、是非アルファベットのAの反対側の星を見ながら、意識だけを棒を延長した先に飛ばして見てください。意識に引っ張られて決して目は動かさないでくださいね。あくまで意

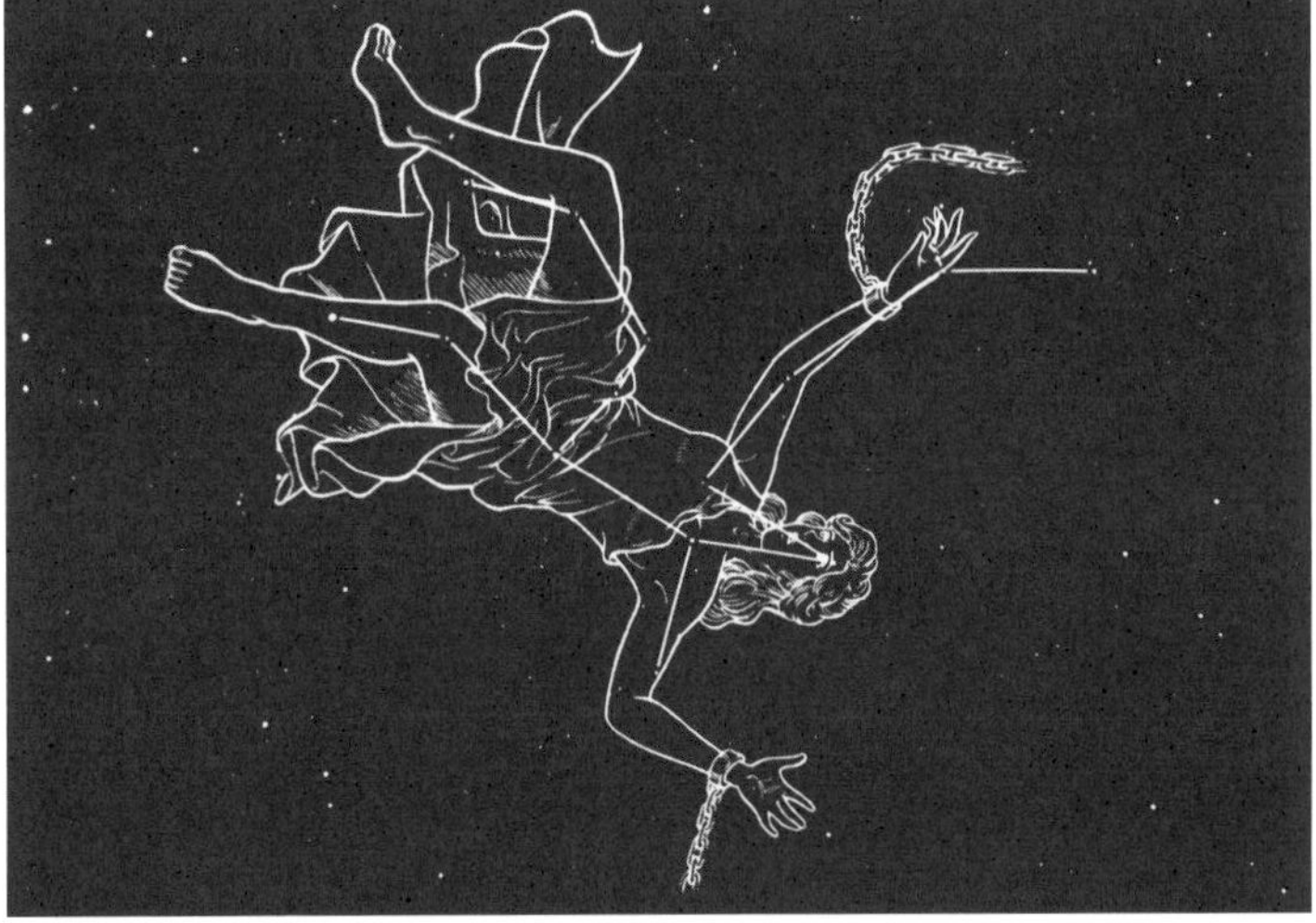

アンドロメダ座、アンドロメダ大銀河

識だけです。意識を意識してください。意識できていますか？　今は意識を意識することを意識してください。意識していないと意識していないことになりますので、ちゃんと意識をして意識してください。

これだけ言えばぼんやりとした光が見えてきたでしょうか？　あれが約250万光年先にあるお隣の銀河アンドロメダ銀河です。

今、見ている光は250万年前に、アンドロメダ銀河を出発した光なんです。とっても不思議な感覚になりますよね。つまり250万年前のアンドロメダ銀河の姿です。地球ではちょうど氷河期に入った時期と同じなんだそうです。いつなんだよそれ。

さぁ話は戻りますが、アンドロメダ姫は本当に美しいお姫様だったそうです。その美しさは色んな国で噂になるほどでした。それにムカついた美意識の高い人間たちは「アンドロメダ姫の頭って馬のへそって言うらしいわよ。まじウケる」と叩きまくっていたことでしょう。そんなアンドロメダ姫の星座絵は鎖に繋がれている姿が描かれています。一体彼女はどこまで大変な目に遭っているのでしょうか。

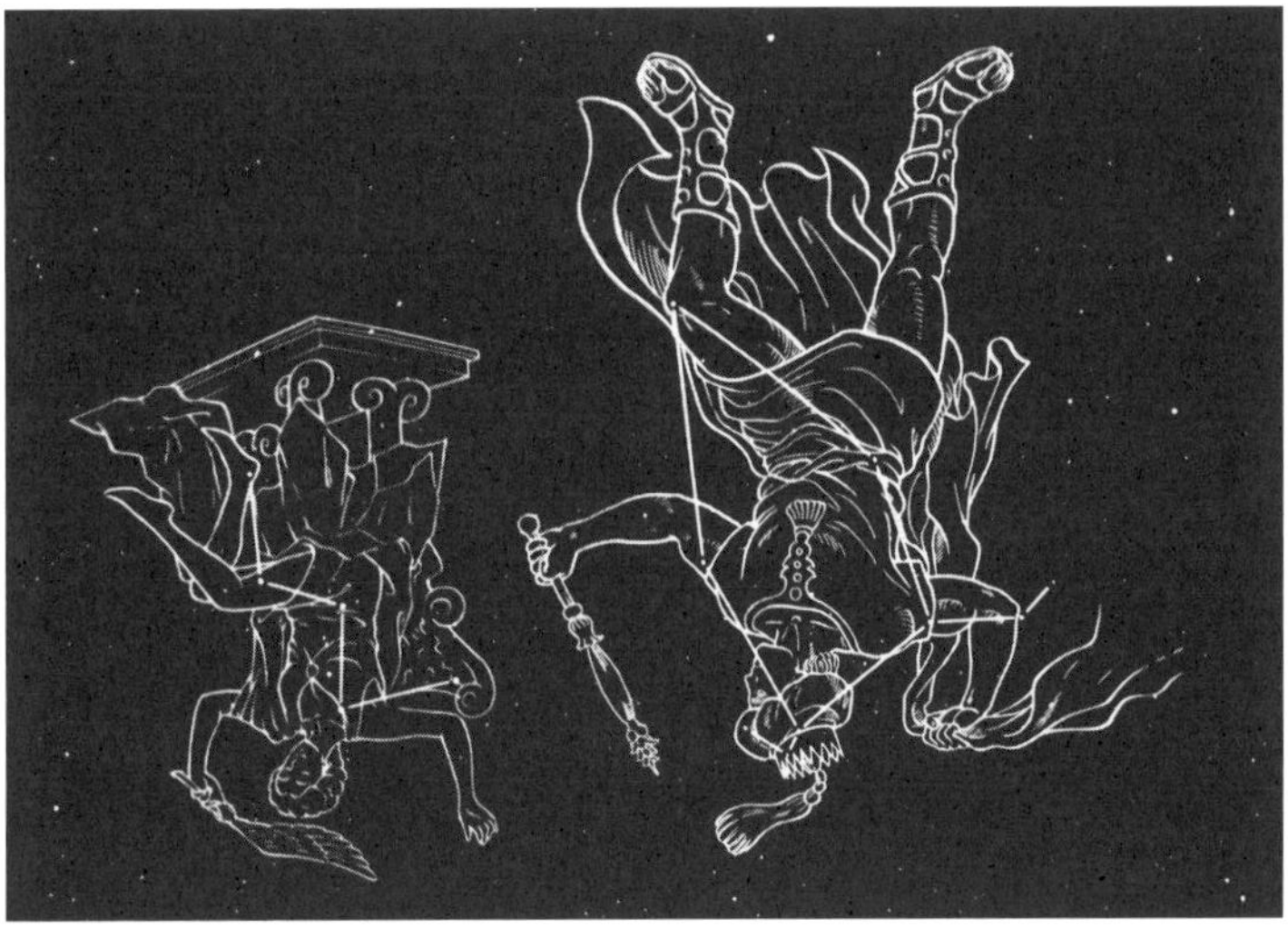

カシオペヤ座（左）とケフェウス座（右）

✦カシオペヤ座とケフェウス座

そんなアンドロメダ姫の可哀想な姿を彼女の母親と父親が近くで見ています。

頭の上の天頂から北の空にかけて、二等星と三等星の星を結んでアルファベットのWの文字を作ることができます。これが「カシオペヤ座」。

カシオペヤは北極星を探すときによく名前が出てきますよね。

Wの外側2つずつの星がつくるラインをそれぞれ延ばし、その交点とWの真ん中にある星を結んで5倍に延長すればぶつかる星が北極星です。春は北斗七星が探しやすいですが、秋はカシオペヤ座からの方が探しやすいかもしれません。

カシオペヤはアンドロメダのお母さんの星座です。そしてその横に二等星の星がひとつ、三等星の星が4つ並び、五角形を作っているのがアンドロメダのお父さんの星座「ケフェウス座」です。あまり馴染みはないかもしれませんね。ケフェウスは古代エチオピアの王様になります。そしてカシオペヤはケフェウスの奥さん。2人の間に生まれたのがアンドロメダということですね。どの星座も星の並びとしては分かりやすいですし、秋の四辺形から順に探していけば見つけやすいと思います。こうやってみると親子3人が仲睦まじく輝いているように見えます。

✦くじら座か、くじら屋か

もう一度、秋の四辺形にもどって四辺形の左側の2つの星を繋ぎ、そのまま地平線へ向かって目線を落としてみてください。そうすると二等星の星が見つかります。そこに輝くのはディフダという名前の星です。これは元々デネブ・カイトスという名前の星でした。意味はアラビア語で「くじらの尾」。そうです。ここには「くじら座」という星座が横たわっているんです。

秋の章

くじら座

　このくじら座が南東の空に宵時に見えるのが11月ごろ。わたしはちょうどM－1予選の真っ最中なんです。予選の終わりなんかに、本来ならくじら座が見えているはずなんですが、残念ながら東京では見つけるのが難しい。なのでわたしは夜空のくじらではなく、浅草にあるくじらを探します。

　二回戦は毎年、浅草のゴロゴロ会館で行われるんですが、その浅草には「くじら屋」と呼ばれる有名なお店があるんです。ビートたけしさんの「浅草キッド」という曲に出てくるお店で、芸人としては聖地のような場所です。

　〝鯨《ゲイ》を喰って芸《げい》を磨け〟という言葉のもと多くの芸人が集まってくるんですが、私も二回戦終わりにはお邪魔しております。お店の壁には数えきれない数の芸人のサイン。そしてテレビで活躍されている芸人さんの若かりし頃の写真などがたくさん飾られています。生意気にも自分も壁にサインをさせて頂きました。

店内の部屋に上がらせてもらって書いたので、外からは分かりませんが、本当にあの瞬間は興奮しました。自分も芸人として認めてもらえているような、そんな気持ちになりました。

くじら座が見える頃、M－1の空気が本格的に始まります。「くじら座」を見ると浅草の「くじら屋」を思い浮かべます。

✦怪しく変光する星

最後に「ペルセウス座」をご紹介します。ペルセウスは勇者の名前なんですが、一番有名なのは流星群ではないでしょうか？　「ペルセウス座流星群」は、1月の「しぶんぎ座流星群」、12月の「ふたご座流星群」と並んで、三大流星群の一つです。

時期でいうと8月の中旬あたりに極大を迎えて、たくさんの流れ星を観測することができます。その方向がペルセウス座なのでペルセウス座流星群と呼ぶわけです。

流星群は夏の話ですが、星座としては秋の星座の区分に入るんですね。アンドロメダ座からすばるまでの間にある星を繋いでできるのがペルセウス座。そこに妖怪メデューサの首を持ち、剣をかざす勇者の姿を想像することが出来るのです。

星を辿るだけでは絶対に無理なので、想像力をどうぞいかんなく発揮してください。

ちょうどメデューサの首のところに光る星を「アルゴル」と呼びますが、この星は明るさが変化する怪しい星です。こういった星を変光星と呼びます。

アルゴルはおよそ2日と21時間ごとに約1・5等級暗くなるんですが、肉眼でも十分わかるので、昔の人もきっとその変化に気づいていたことでしょう。その証拠に、というわけではありませんが、アルゴルはアラビア語で「悪魔の頭」という意味の言葉。そこまできつい名前をつけなくても良かったんじゃないかとも思いますが、昔の人も明るさが変わるアルゴルを見て、不気味に思ったのかもしれません。

アルゴルのように明るさが変わる変光星は、先ほど紹介したくじら座にもあります。くじら座の変光星をミラと呼びます。ミラは約332日周期で二等星から一〇等星まで増減光を繰り返す変光星。ミラとは「不思議な星」の意味なので、こちらも昔の人は気づいていたのでしょう。

秋は変光星を観測するのも楽しいと思います。変光星の観測にも時間が必要です。秋は自分の時間の使い方を整えるのに良い季節かもしれません。

✦秋の全キャラ絵巻　古代エチオピア王家の物語

ここまで秋の星座たちをご紹介させて頂きました。春や夏に比べて星座の物語が比較的少なかったように思われたのではないでしょうか。

もちろん秋の星座たちにも物語はあります。けれど春や夏に比べてひとつずつの星座でのご紹介が難しかったんです。

実は秋の星座の物語って、それぞれが繫がって壮大な物語を作っています。その物語とは、古代エチオピア王家の物語。

秋は物語のキャラクターたちが星座になっているんです。それもあまり知られていないんですが、その回収っぷりが圧巻です。

その古代エチオピア王家の物語をお話しさせて頂くことにしましょう。

昔々、古代エチオピアという国に「ケフェウス王」と「カシオペヤ王妃」が暮らしていました。２人はとても美しい「アンドロメダ」という娘を授かりました。アンドロメダの美しさは次第に噂になり、その美しさが国外にも広まったそうです。

そんなある日。カシオペヤは口を滑らせ、こんなことを言ってしまいます。

「私たちの娘のアンドロメダはそれはそれは美しい。その美しさは海の神の娘よりも美しい」

これを聞いたポセイドンは怒り心頭。大きな津波をおこし、エチオピアは大きな被害を被ったのです。

困ったケフェウス王とカシオペヤ王妃は他の神様に相談をしにいくことにしました。

そこで神様は「この怒りを鎮めるためにはお前たちの娘であるアンドロメダを生贄《いけにえ》に捧げるしか方法はない」と伝えたのです。２人は大変に落ち込んでしまいましたが、アンドロメダは「この怒りが鎮まり、エチオピアの人々が救われるなら私は喜んで生贄になりましょう」と、海面から出ている大きな岩に自ら鎖で繋がれたのです。

しばらくして、深い海のそこから「化けくじら」が現れました。化けくじらはアンドロメダを見つけるやいなや、アンドロメダに襲い掛かろうとします。

ちょうどその時でした。妖怪メデューサ退治を終えて母国に帰る途中の「勇者ペルセウス」が通ったのです。ペルセウスは、メデューサの呪いによって岩に変えられていた「ペガサス」を救い、そのペガサスの背中に乗って海を渡っているところでした。

まさに襲われようとしているアンドロメダを見つけたペルセウスは、化けくじらの目の前まで降りていき、倒したばかりのメデューサの首を化けくじらの前に掲げたのです。

メデューサの目は、見たもの全てを石にしてしまうという能力を持っています。目を見てしまった化けくじらは、みるみる石になり、そのまま海のそこへと沈んで行ったのでした。

こうして再びエチオピアに平和が訪れ、その後アンドロメダとペルセウスは結ばれ、幸せに暮らしたんだそうです。めでたしめでたし（諸説あり）。


いかがでしたか。あれだけ周囲に娘を自慢する性格の母親から、国民のために生贄を受け入れる出来た娘が生まれるのか？　という議論はまた別の機会にするとして、ご紹介してきた星座たちが気持ちよく登場してくれますよね？

秋の星空は少し寂しいように思っても、まさに絵巻物のように頭の上には古代エチオピア王家の物語のキャラクターたちが星座として広がっています。

そのことを知ると、秋の夜空の見え方が少し変わってきませんか？　寂しくなんかありません。むしろ芸術の秋に相応しい星物語が広がっているのです。

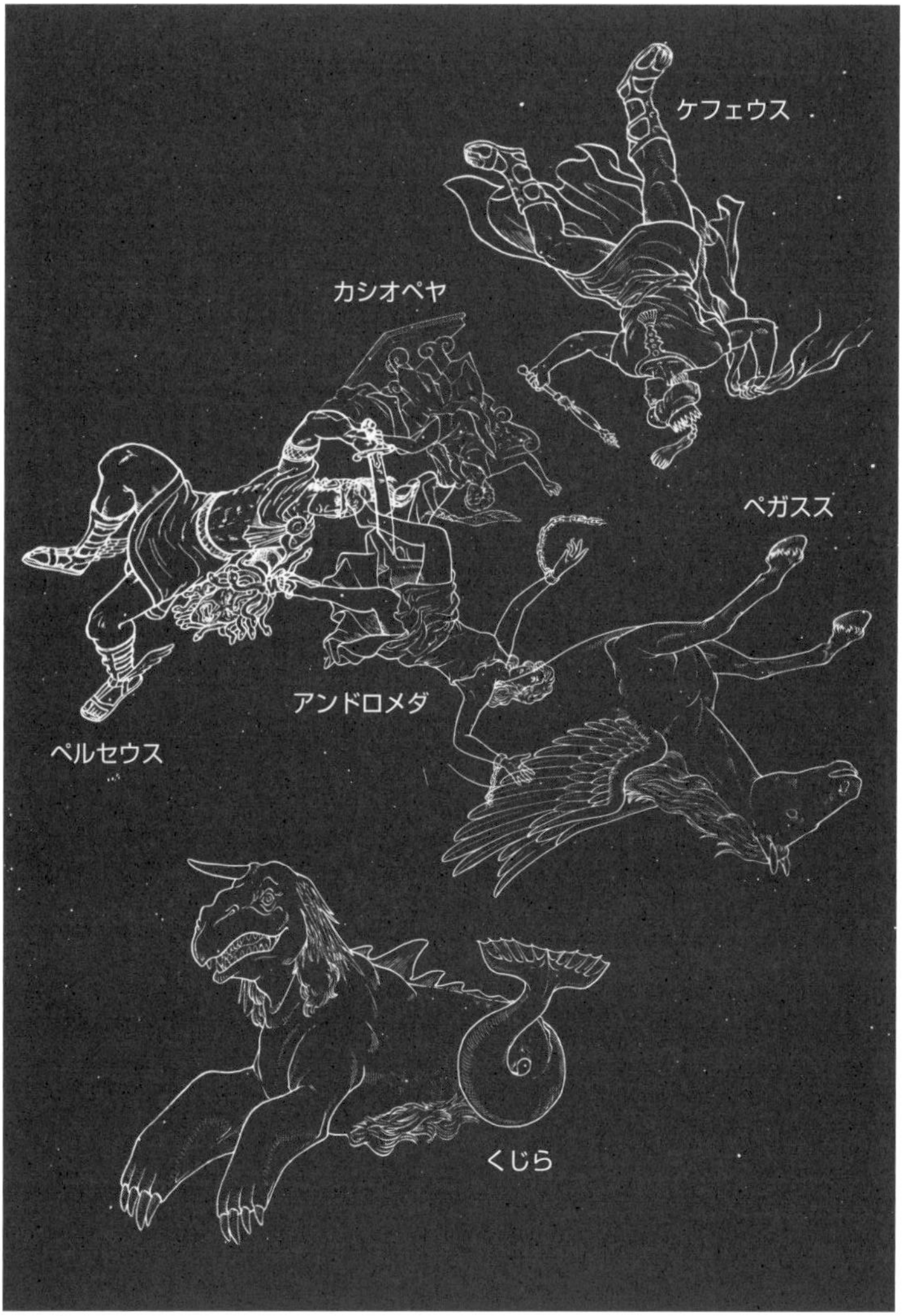

秋の全キャラ

わたしは秋の星空の物語がとても好きで、秋が来る度にこの物語を皆さんにお話しできることを楽しみにしています。

✦お月見は秋がよい理由

これまでにご紹介してきたお話は、満天の星が見えるような場所に行かないと難しい。そんなときのおすすめがお月見ではないでしょうか。

お月見には、秋が適しています。夏のように暑くはなく、冬のように寒くはない。ゆっくりと月を見ることができる。そして、秋の月は鮮やかで魅力的です。

春のおぼろ月は、自然による演出を含めて楽しむ。一方、秋は月そのものを楽しむと言うところかもしれません。秋は月が登る角度も穏やかで、より長く月を見られるのも月見に適している理由です。

かつては月の暦が使われていたほど、日本人は月に関心があり、月とともに暮らしてきた歴史があります。月見に最適な季節もそんな日本人だからこそ、わかっていたのかもしれません。

秋の月の中でも「中秋の名月」はお月見にはおすすめの日となります。

旧暦では7月・8月・9月が「秋」であり、その真ん中の日8月15日の十五夜を中秋と呼びます。この日にススキと団子をお供えして秋の実りに感謝して、豊穣のお祈りをするのです。今ではお団子が主流ですが、昔は芋を供えることもあって、そこから「中秋の名月」は「芋名月」とも呼ばれています。

満月

日本には昔から月の形に応じてそれぞれの名前がついています。三日月、十五夜など。皆さんもたくさん月の呼び名を知っていると思うんです。

月を待てますか

その中でも「立待月《たちまちづき》」「居待月《いまちづき》」「寝待月《ねまちづき》」などは秋の月見の言葉だそうです。月は一日ずつ出てくるのが約30分遅くなります（春は約50分）。満月の翌日も月を見ようと外に出たのはいいけれど、なかなか月が出てきてくれません。16日目は月が出てくるのをいざよう（ためらっている）ようだとして、十六夜と書いて「いざよい」と呼ぶようになりました。そして17日目は、月が出てくるのが満月の日に比べて約60分も遅く出てきます。まだかまだかと待って「立待月」と呼ぶようになりました。

翌日は約90分待ち。居座って待つ月というところから「居待月」。

次の日には約１２０分待ち。とうとう寝ながら待つ「寝待月」となったのです。

当時の人は、ディズニーの人気アトラクションぐらい月を待っていたんですね。驚きを隠せませんが、わたしもソアリンのためなら60分は待てるので、「立待ソアリン」はしているわけです。

秋の星空はまったく寂しい星空ではありません。勇者ペルセウスがアンドロメダ姫を助ける冒険活劇が広がり、さらに肉眼で見える最も遠いアンドロメダ銀河が姿を現し、光を大きく変える変光星も怪しく瞬き、そして何より日本人が昔から大切にしてきた月が最も美しく見える季節。それが秋です。

エンターテインメントに溢れた秋の星空は、じつは魅力の塊なのです。そんな魅力の断片を少しでもお伝えすることができていたら、わたしは幸せです。この文字数では収まらないほど、秋にはまだまだたくさんの魅力ある星が眠っています。

月の呼び名

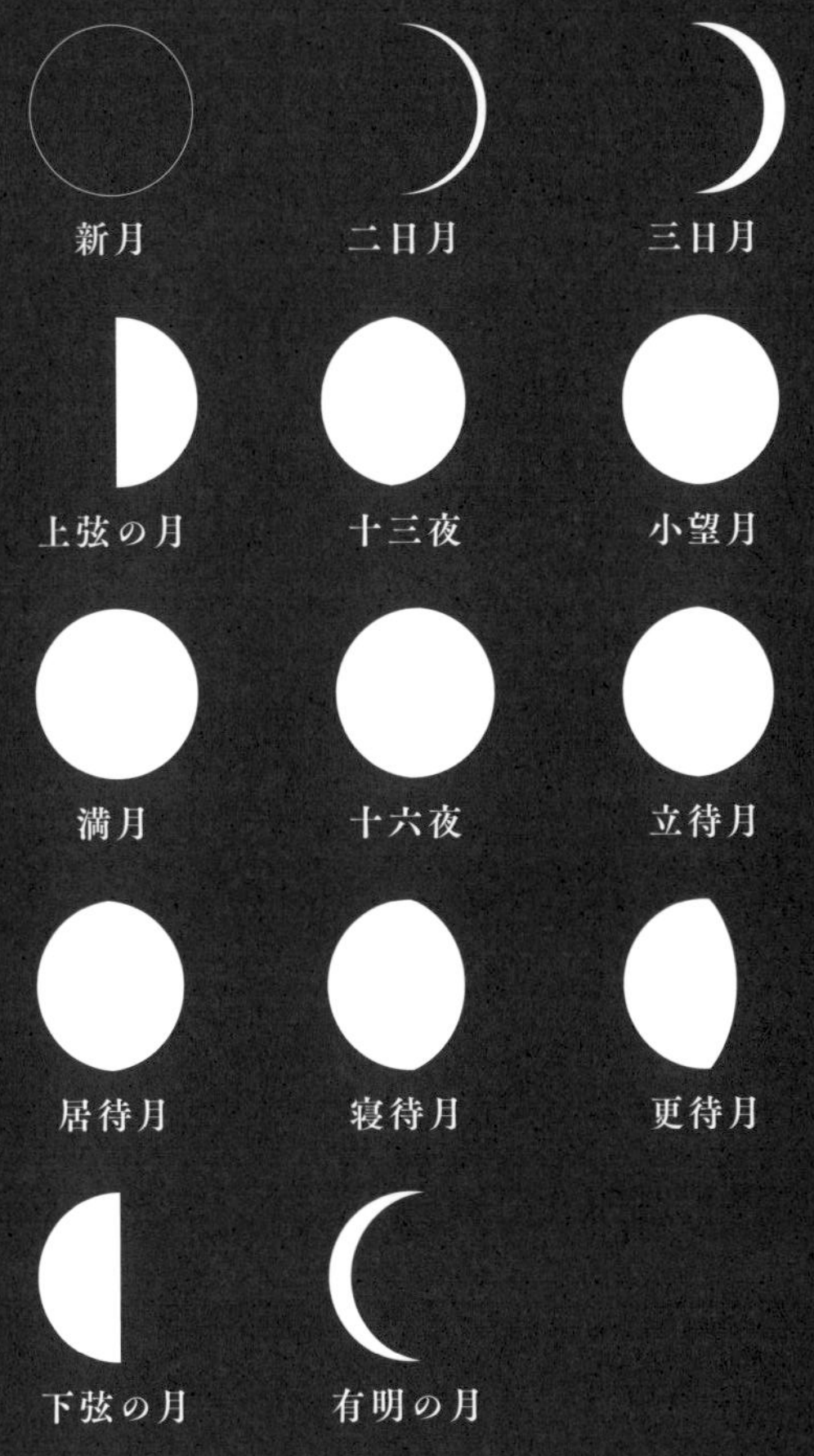

皆さんも良かったらこの後は実際の星空を見上げて、秋の星空の新たな魅力を探してみてください。

ここまでは星空ＭＣの田畑がご案内させて頂きました。どうもありがとうございました。

コラム3 解説員になるには

✧永田美絵

「プラネタリウムの解説員になるにはどうすればよいですか」という質問をたびたびいただきます。解説員になりたいと思っていただけるのは本当に嬉しいことです。

多くの場合、解説員の仕事は、星の解説だけではありません。

コスモプラネタリウム渋谷では、解説の仕事の他にも企画や番組制作に携わったり、観望会（屋上で天体望遠鏡を使って星を見る会）などイベントの実施、タイムスケジュールに合わせた接客やお客様の誘導といった運営、売り上げ管理などの事務、ロビー内に掲示する展示物の作成、学習投影・保育園投影のスケジュール管理、町会との連携企画……などなど仕事は山のようにあります。それをスタッフみんなで分担しておこなっています。

プラネタリウム館によっては、学習投影を担当するために教員免許や学芸員資格が必要な場合もあるかもしれません。他にも条件があるかもしれませんが、コスモプラネタリウム渋谷の場合は、最大の条件は「星が好きなこと」。

プラネタリウムは数名の職員で運営していることが多く、欠員が出なければ募集が出ません。とはいえ、日本はプラネタリウムが３００館以上もあるプラネタリウム大国ですから、年間を通して結構な数の募集が出ます。

同じ時期に募集がでるわけではないので、日ごろから自分のお気に入りのプラネタリウムに通い、情報収集することをおすすめします。

想いをもってプラネタリウム解説員をやりたいという方とは、数年後にどこかのプラネタリウムでお会いすることがあります。解説員を目指したい方が読んでいたら、これを読んで頑張ってください。いつかどこかで、また。

冬の章

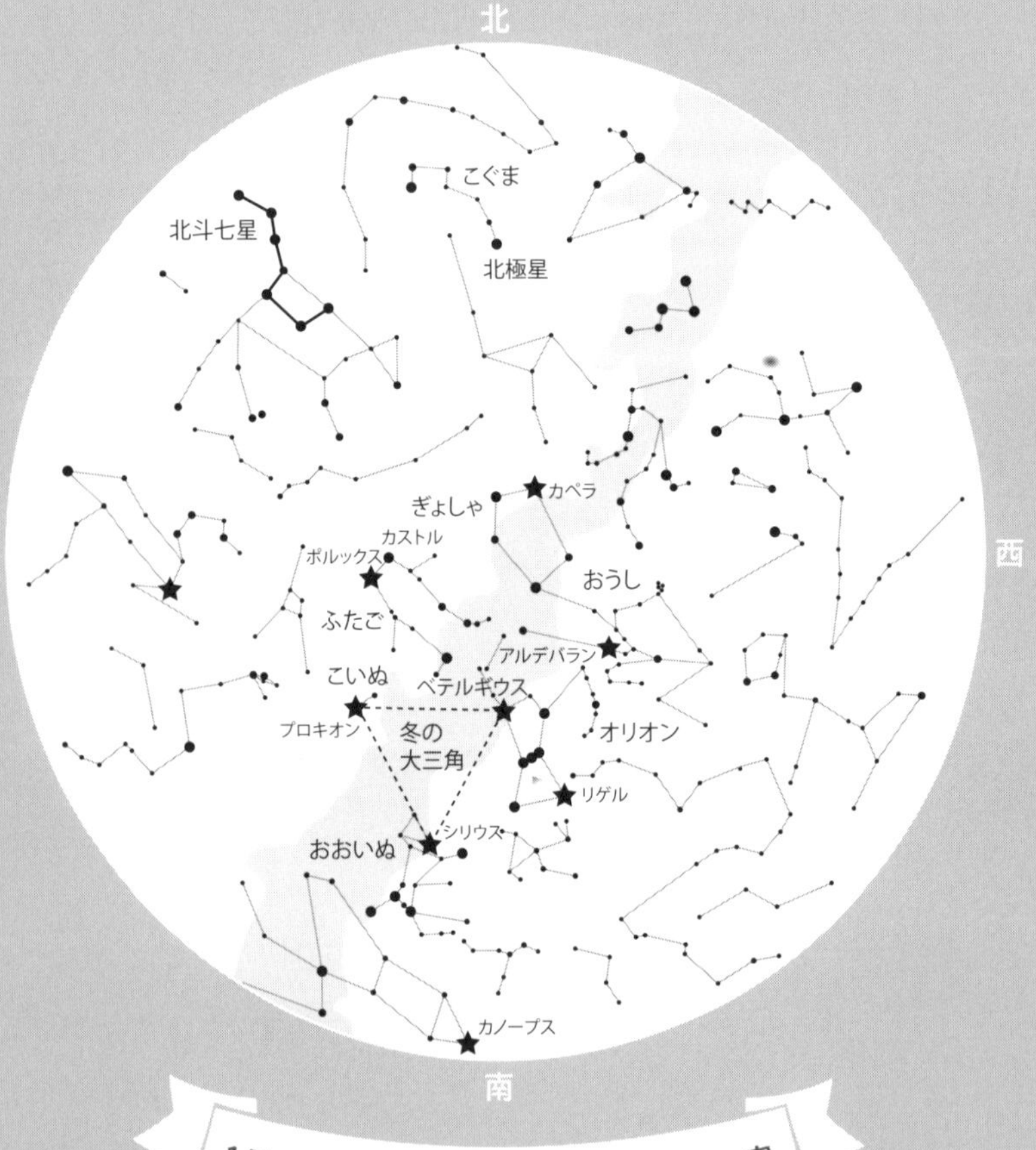
北
東
西
南
こぐま
北斗七星
北極星
カペラ
ぎょしゃ
カストル
ポルックス
おうし
ふたご
アルデバラン
こいぬ
ベテルギウス
プロキオン
冬の
大三角
オリオン
リゲル
シリウス
おおいぬ
カノープス
1月中旬22時頃、2月中旬20時頃 東京の空

国立天文台

この道50年が解説する投影機のしくみ

村松 修

渋谷駅前のプラネタリウム史

コスモプラネタリウム渋谷は2010年11月21日、渋谷駅西口の渋谷区文化総合センター大和田12階に最新型の投影機で開館しました。それ以前には、2001年3月11日まで渋谷駅東口の東急文化会館8階に天文博物館五島プラネタリウムがありました。ここには、渋谷のプラネタリウム投影機の先輩として「カールツァイスⅣ型プラネタリウム投影機」が置かれ、44年間に1600万人の来館者を迎えて美しい星空を投影してきたのです。

この投影機は五島プラネタリウムの閉館後に渋谷区に寄贈され、倉庫に保管されていました。渋谷区の施設として文化総合センター大和田が開館するとき、渋谷駅前では天文博物館五島プラネタリウムからコスモプラネタリウム渋谷へ、新旧の投影機による星空投影のリレーが行われました。先輩投影機はいま、この施設に静態展示として組み立てなおされて、「ツァイス君」の愛称で親しまれています。

ツァイス君はコンピューターのない時代のプラネタリウム投影機です。私は五島プラネタリウムで解説係と投影機の保守点検を行う技術係の二刀流で仕事をしていましたので、カールツァイスⅣ型プラネタリウム投影機の仕組みについては、後ほど紹介します。最初にコスモプラネタリウム渋谷の投影機のしくみから話しましょう。

✦ コスモプラネタリウム渋谷の投影機

現在、コスモプラネタリウム渋谷でプラネタリウム投影を担当する解説員の頼りになる相棒はプラネタリウム投影機の「コスモちゃん」（愛称）です。コニカミノルタプラネタリウム㈱の豊川工場で２０１０年秋に誕生、渋谷にやってきました。正式な名称は「GEMINISTAR Ⅲ（ジェミニスター・スリー）プラネタリウム投影機」です。光学式ならではの美しさを活かしながら、迫力ある全天周デジタル映像をリンクさせて投影できるのが大きな特徴です。ここから、プラネタリウム投影機の全体構成を6つの項目に分けてお話しします。写真を参考になさってください。

①光学式恒星投影装置
②太陽・月・惑星の投影装置
③全天周デジタル動画機能と3次元デジタルプラネタリウム機能
④解説台と操作卓
⑤ドームスクリーンと音響スピーカー
⑥プラネタリウム専用座席

①光学式恒星投影装置

ドーム中央に置かれた円形の台座から柱に支えられた球形のカバーに光学式恒星投影装置が納められています。カバーに開けられた多数の穴から大小のレンズが見えていますね。このカバーの内部には特殊な高輝度ランプと点灯装置の電子基板があります。

GEMINISTAR Ⅲプラネタリウム投影機

高輝度ランプは一度点灯させると当日の投影終了まで消さないで使用します。その理由は何度も点灯と消灯を繰り返すと、ランプの寿命が短くなってしまうからです。最近は高輝度ランプの代わりにＬＥＤ光源を使った省エネタイプの光源に交換も可能です。

高輝度ランプの光を恒星原板まで導くのは光ファイバーです。星空の光を時々遮断する目的の開閉シャッターによって恒星を消すことができます。恒星原板に開けられた星の穴を通った光が投影レンズによってドームスクリーンに星像を結んで輝くのです。

カバーの穴から見えるレンズがこの投影レンズだったのです。外側からは見えませんが、光学式恒星投影装置には日周軸を中心に装置全体を回転させて星空の動きを再現するモーター機構が入っています。また東京の緯度にセットされているものを緯度変化軸を中心に回転させて緯度の違う場所の星空にすることもできます。カバー内部の狭い空間にはこうした多くの装置が複雑に組み込まれています。

ときどき、お客様から「その半球形の受皿みたいなものは何ですか」と質問をいただく場所があります。投影装置の球形カバーの下に取り付けた半球形の特製カバーがそれです。ほかのプラネタリウム施設の投影機にはありません。

答えは、防音壁です。装置内部の冷却に使用する空冷ファンの回転音が客席に響かないように取り付けられました。れっきとした役割があるのですが、この半球形カバーがあることによって、コスモちゃんがかわいらしいスタイルに見えるのです。皆さんもそう思いませんか。

②太陽・月・惑星の投影装置

次はプラネタリウムならではの装置を紹介します。光学式恒星投影装置のある円形台座の隣に並ぶ箱形の台座は、太陽系天体の投影装置です。

この台座には太陽、水星、金星、月、火星、木星、土星の各投影機が配置されています。プラネタリウム投影機は地球から肉眼で見える天体を投影するのが基本なので、望遠鏡を使わないと見えない天王星、海王星は投影しません。地球投影機は使用しない設定になっていて、地球から肉眼で見える衛星は月だけなので、月の投影機を配置しています。

③全天周デジタル動画機能と3次元デジタルプラネタリウム機能

プラネタリウム投影機が美しい星空を映すドームスクリーンは高解像度レーザービデオ

プロジェクターで全天周動画を映すことにも使われます。高解像度レーザービデオプロジェクターは南側と北側の2台構成でドームスクリーンいっぱいに全天周アニメーション動画や自然科学映像番組などさまざまな作品を映す映像空間としての役割も果たしています。

ここで具体的な使い方を紹介します。ドームスクリーンに投影された光学式の恒星を線で結んで星座の形を映したり、星座絵図を重ねて視覚的にわかりやすい解説をしています。さらに各種の宇宙望遠鏡による銀河の姿や宇宙誕生から間もない生まれたての銀河などの最新画像を映して解説しています。

この高解像度レーザービデオプロジェクターを使う3次元デジタルプラネタリウム機能が投影で活用されます。この機能は最新のコンピューターシステムによる宇宙の立体地図データを組み込んで実現します。

具体例を紹介しますと、太陽系から1500光年の距離にある恒星たちが誕生しているオリオン大星雲までの宇宙旅行をしてみます。立体地図の3次元データを使って恒星たちの中を移動し、太陽に近い恒星たちが目の前を通り過ぎる姿を全天周映像として見ていきます。オリオン大星雲に到着したあとは、前後左右に空間移動して、恒星が生まれる領域のガス雲と宇宙のチリを含む暗黒星雲の立体構造を視覚的に見ることができる素晴らしい機能です。

解説台と操作卓

④解説台と操作卓

解説台は投影演出に必要な機材の操作卓を効率よく作業できるように配置されています。具体的に話しますと、解説員が使用するマイクや演出のための音楽や効果音の調整をするオーディオミキサー（A）が解説員の座席の右側にあります。

マイクは自由に移動できるようにワイヤレスのヘッドセットマイクを装着しています。これならば投影前に話しながら座席フロアを歩くこともできます。

解説員の正面にあるのは投影機の操作卓（B）です。投影機の動きを制御する運動系のボリュームつまみ、太陽、恒星、月、惑星などの投影機の調光つまみ、光学式恒星投影装置に付属する星座絵図投影機や方位灯、薄明、朝焼け、夕焼けなどの補助投影機の点灯・消灯を行うボタンスイッチが配置されています。解説員の大切な道具であるポインター（矢印投影機）もこの操作卓に付属しています。これは観覧者の視線を誘導して星座の星を結んだり、惑星などの位置を示したりするための矢印です。幼児向けの投影では、矢印君キャラクターとして星空を駆け巡って活躍します。

操作卓の前には光学式恒星投影装置と付属投影機の動作状況を表示するモニター（C）、全天周デジタル動画機能を制御するコンピューターのモニター（D）が並びます。このモニターに表示された各解説員の専用ページを開くと動画投影や静止画の投影、3Dデジタルプラネタリウム機能の演出を実行する専用ボタンが配置されています。

⑤ドームスクリーンと音響スピーカー

真夜中の南の空に輝く木星までの距離は6億3000万キロメートルです。冬の夜空に輝くおおいぬ座のシリウスは遠すぎてキロメートルでは表すことが大変なので、光が1年間に飛ぶ距離を1光年として8・6光年です。でも私たちが肉眼で見るとき、惑星や恒星は明るさこそ違っていても距離の違いを感じません。ですから真っ暗なプラネタリウムドームの中心にある投影機からドームスクリーンに投影された美しい星空は無限の広がりを感じさせてくれます。投影機とドームスクリーンが一体となって宇宙空間を演出します。

ここで、あまり注目されることのないドームスクリーンの話をしましょう。

プラネタリウムのドームスクリーンは一般的にアルミニウム板に小さな穴を開けたパンチングボードと呼ばれる素材を張り合わせて半球形に作られています。スクリーンの裏側には音響スピーカーが取り付けられていて、ドームスクリーンを通して音が客席に届きます。コスモプラネタリウム渋谷は合計10台のスピーカーを配置して立体的な音響をお届けしています。音の通りをよくするためには大きな穴を多数開けたいところですが、ドームスクリーンの本来の役目は美しい星空を映し出すこと。そのためには暗くて小さな微光星をたくさん映せることが大切です。穴が大きくて暗い星が映せないのでは意味がなくなりますので、バランスを考えて施工しました。

パンチングボードの金属表面は塗装を施しています。昔は星の光を１００パーセント反射するように白色の焼きつけ塗装が行われていました。最近はドームスクリーンに高解像度レーザービデオプロジェクターによる動画を映すため、100パーセントの反射率では、カラーバランスが崩れ、色が飛んで見にくい映像になってしまいます。そこで美しい映像になるように反射率を下げた塗装を施しました。

さらにドームスクリーンの耐震構造にも考慮した施工を行いました。

建物の支柱にドームスクリーンの固定枠のすべてを取り付けると、強い地震の振動で固定枠自体が歪み、さらにドームスクリーン面に無理な力がかかってしまい、取り付けたボードが落下する危険が生じます。落下事故が起こらないように取付枠を建物の構造の支柱から釣鐘《つりがね》のように吊るしてドームスクリーン全体にゆがみが発生しないよう施工しました。

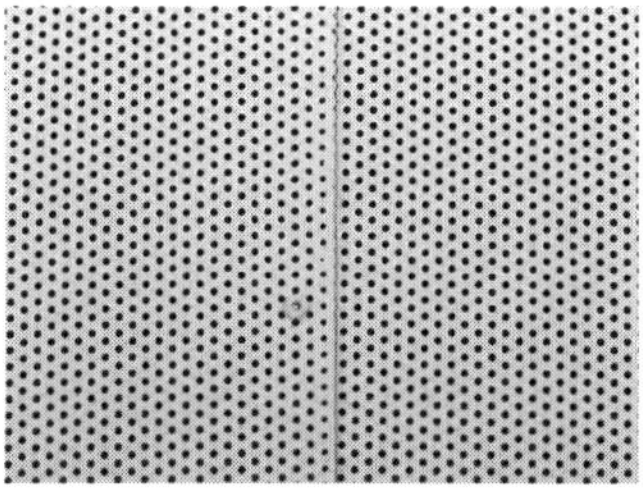
パンチングボード

まるで客席フロアが安全ヘルメットを被るようにドームスクリーンが吊るしてある構造です。ですから投影中に強い地震が発生しても座席から動かないで解説員のアナウンスを冷静に聞いてください。ドーム内の客席が一番安全な場所なのですから。

このドームスクリーンは㈱五藤光学研究所が施工しました。

⑥プラネタリウム専用座席

座席はとても重要です。プラネタリウム施設ごとに座席配置が異なりますのでコスモプラネタリウム渋谷の座席配置を紹介します。

投影見学として利用される想定から、座席配置（総座席数120席）が決まりました。保育園や幼稚園、小学校が利用する場合、学習効果を考慮して園児や生徒が南を正面に向いて見学できるよう北側の座席（84席）は南向きの一方向に配置しました。一般向けの投影では観覧する方が北側の星空がよく見えるように、南側の座席（36席）は中央の投影機を中心に同心円状に配置しています。南側の座席からは南の空が背中向きになるため、回転座席にして南も見やすくしています。投影中はゆったりとくつろげるよう全座席にリクライニング機構を採用して背もたれを傾けることができます。

✦100年前に誕生、カールツァイスⅠ型プラネタリウム投影機

最新のプラネタリウム投影機の仕組みを説明しましたので、次はプラネタリウム投影機

が誕生した頃の話です。

プラネタリウム投影機が誕生して星空の投影が開始されたのは１９２３年10月21日。ドイツ・ミュンヘンにあるドイツ博物館でした。この博物館の初代館長だったオスカー・フォン・ミュラーが、美しい星空を体験できる展示を博物館に作りたいと光学会社のカール・ツァイス社に製作を依頼したことから始まります。

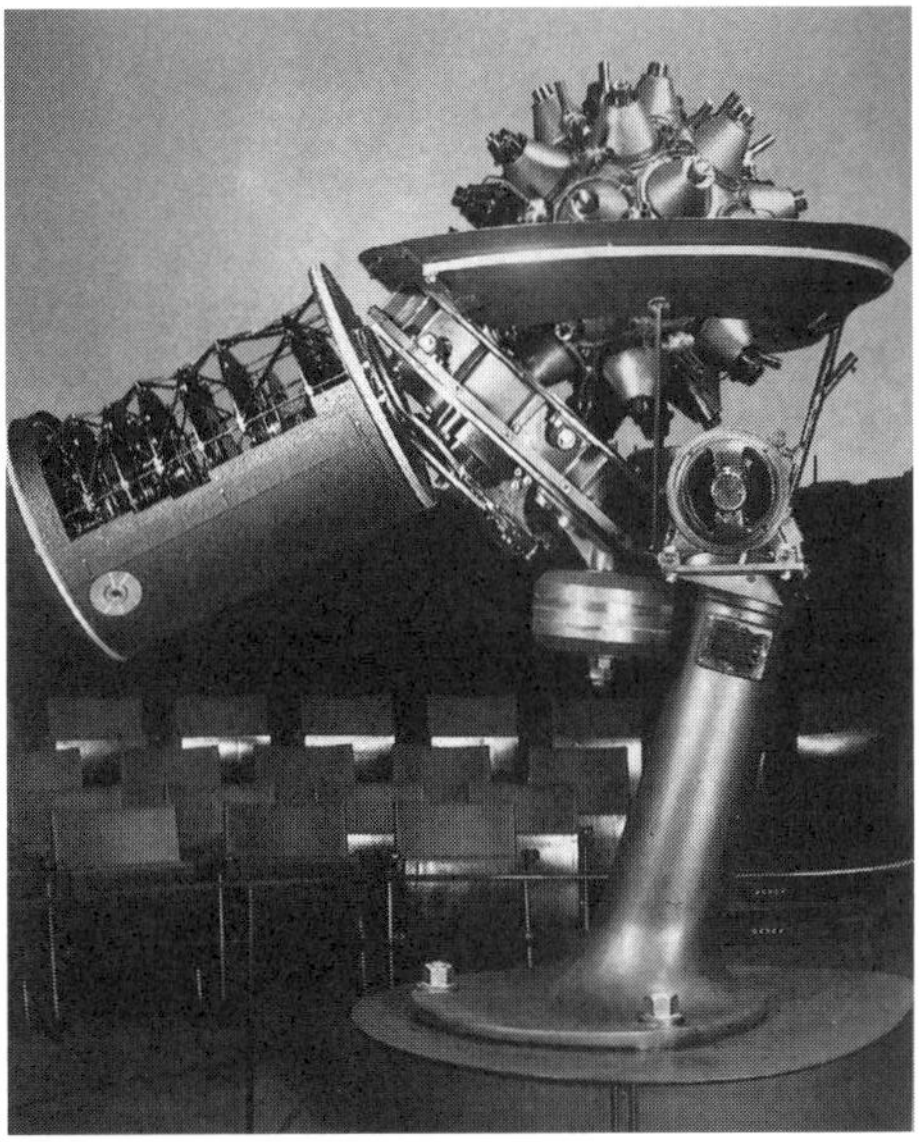

カールツァイスⅠ型投影機（出典：DER HIMMEL AUF ERDEN：LUDWIG MEIER 1992／渋谷区五島プラネタリウム天文資料 所蔵）

当初、この展示装置をどのように実現したらよいのか社内で議論が重ねられましたが決定的なアイデアは出ませんでした。

議論が空転しているとき、カール・ツァイス社が世界に誇る写真レンズのテッサーを製造していた技術者で、経営にも参加していたヴァルター・バウワースフェルトが球体内部から壁面に光学的に（光をあてて）投影する方法を提案したのです。これこそプラネタリウム投影機が誕生するドラマの幕開けでした。

投影レンズには4枚玉のテッサーが採用され、明るさの異なる星の位置が配置された恒星原板に電球の光を通過させる小さな穴を開けて星空を再現しました。現在の光学式恒星投影装置と同じ方式が最初から採用されていたのでした。1本の投影レンズが映し出す星空の範囲が狭いことから合計31本の投影レンズを組み合わせてドイツから見える星空を完成させました。

球形の台座に投影レンズを配置した一球式の光学式恒星投影装置の誕生です。投影装置全体は日周軸を中心に電気モーターで回転させて星空の動きを再現しました。太陽、月、惑星の各投影機の構造も歯車機構と電気モーターを使って動かし星空に投影されます。こうして完成したのがカールツァイスⅠ型プラネタリウム投影機でした。

✦世界の空を映すツァイスⅡ型

完成したカールツァイスⅠ型プラネタリウム投影機は、ドイツの星空しか再現できません。ドイツ博物館を訪れた世界の人々から自分の国の星空も映せるように改良が求められました。そこで光学式恒星投影装置を二球式に分けて、二つの球の間に太陽、月、惑星投影機の棚を配置、さらに緯度変化軸を追加して世界各国の緯度に合わせて投影機全体を回転させるⅡ型プラネタリウム投影機が完成しました。

1937年、日本で最初に公開された大阪市立電気科学館のプラネタリウム投影機と、翌年に開館した東京・有楽町の東日天文館は、進化したこのⅡ型プラネタリウム投影機を使用していました。大阪のⅡ型投影機は太平洋戦争の戦火をのがれて、現在は大阪・北区中之島の大阪市立科学館に展示されています。しかし東日天文館のⅡ型投影機は、空襲で焼失してしまったことがとても残念です。

五島プラネタリウム、ツァイスⅣ型（ツァイス君）のしくみ

渋谷の初代プラネタリウム投影機についてお話しします。皆さんはツァイス君の前に立ったつもりで説明写真を参考にしながら聞いてください。

ツァイス君はⅡ型をさらに改良して1957年に完成された「カールツァイスⅣ型プラネタリウム投影機」の第1号機です。ご覧いただくと、いかにも精密機械と感じさせる精悍な姿に圧倒されるのではないでしょうか。投影機全体が黒色に塗装されているのも重厚

惑星棚の中の各投影機。投影レンズの上下に歯車機構が見える。

な感じです。

投影機全体の形はⅡ型とよく似ていますが細部はかなり進化しています。一等星などの恒星はフィルターを使って着色されました。投影機の両端に北半球の星空を投影するための球形カバーと南半球の星空を投影するための球形カバーが固定された二球式です。カバーの内部に恒星を投影する光源として1000ワットのタングステン電球が使用されていました。

両側の球形カバーの間を繋ぐ円筒形のかごのような部分は太陽系天体の投影機が納められた惑星棚になっています。このプラネタリウム投影機はコスモちゃんと同じく日周軸と緯度変化軸で投影機全体を動かして世界中の星空を再現しています。

それでは惑星棚の中の投影機を覗いてみましょう。地球が太陽を公転する軌道の大きさを縮小した歯車上の支点と、ほかの惑星が太陽を公転する軌道の大きさを縮小した歯車上の支点をつなぐ形で投影機が取り付けてあります。地球の支点側には25ワットのタングステン電球を光源に惑星像の原板があり、惑星の支点側に投影レンズが置かれた形で、それ

五島プラネタリウムのカールツァイスⅣ型プラネタリウム投影機

ぞれの公転周期で歯車を回して地球から見た惑星の動きが星空に映ります。必ず地球と各惑星の歯車機構がワンセットとなる構成で動いています。惑星棚についてもっと話したいところですが、似たような話が続きますから話題を変えましょう。

✦冬のダイヤモンドと冬の大三角

冬の星座は明るい一等星が目印になって覚えやすいですね。しかも冬の天の川のまわりに7個の一等星が散りばめられています。冬の一等星は特に有名なものが多くあります。一番目立って明るいシリウス、隣のオレンジ色のベテルギウスは誰でも知っている名前です。この2つの星と三角形を結ぶ位置にプロキオンが輝き、「冬の大三角形」を作ります。

さらに冬の大三角形を囲む形でシリウス、リゲル、アルデバラン、カペラ、ポルックス、プロキオンが六角形をつくって冬のダイヤモンドと呼ばれます。なんともゴージャスな一等星たちの輝きで寒さを忘れてしまいそうです。

✦一等星の明るさと星までの距離の表し方

星の明るさを決めたのは紀元前150年ころの古代ギリシャの天文学者ヒッパルコスです。彼は観測装置を使って肉眼で見た星の位置と明るさの表を作成しました。この時に一番明るく目立つ星たちを一等、肉眼でぎりぎり見える最も暗い星を六等として、目測で一等、二等、三等、四等、五等、六等と星の明るさを決めました。

現在は星の明るさを正確に測る装置があって、肉眼でぎりぎり見える明るさを6・0等級としてその100倍明るいものを1・0等級と定めています。これは6・0等級の2・51倍の明るさが5・0等級、その2・51倍の明るさが4・0等級となるしくみで、1・0等級より2・51倍明るいと0・0等級、その2・51倍明るいものはマイナス1・0等級と表します。このように肉眼で見た星の明るさを実視等級といいます。

星の明るさは0・1等級以下まで測れます。

たとえばアルデバランは0・9等級です。実視等級が0・5等級~1・4等級の星は四捨五入して一等星としてまとめて表すのが便利です。国立天文台の理科年表に掲載された他の冬の一等星の実視等級を紹介します。

プロキオンは0・4等級、ポルックスは1・1等級、カペラは0・1等級、ベテルギウスは0・5等級、リゲルは0・1等級です。シリウスはマイナス1・4等級で特別に明るい星ですが、一番明るく目立つ星たちを一等としたヒッパルコスにならって、ここで紹介した星たちはシリウスも含めて一等星と呼んでいます。

✦ふたご座――どちらが兄か弟か

1月中旬の太陽は西南西の方向で日没となります。大寒に近く寒さが一段と増してくる気がしますが、春の予感も感じさせてくれる頃です。春分まではまだ日数があるため、18時ころにはすっかり星空になっています。

東の空に目をやると、冬の大三角が昇っていてその北側に一等星のポルックスと二等星のカストルが並んで輝く「ふたご座」が見えます。この星たちは今から4000年前の古代バビロニア時代にすでに双子の星としてあったと伝えられる古典星座です。

ギリシャ神話に登場するポルックスとカストルは大神ゼウスの双子の子どもです。

ではなぜ弟が明るい星の一等星で、兄は少し暗い星の二等星なのか気になる人がいるかもしれません。日本の法律では双子の出産で先に生まれた子が兄、後から生まれた子は弟となっています。この星たちが東の地平線から昇ってくる姿を見ていると、先に兄のカストル、あとから弟のポルックスが昇ります。明るさに関係なく昇る順番と思えばいいのでしょう。

ふたご座の学名はGeminiです。コスモプラネタリウム渋谷の投影機の正式名称はGEMINISTAR Ⅲです。光学式とデジタル式の双子の投影機なのですから。

✦ぎょしゃ座──山羊を連れた御者

東の空に昇った冬のダイヤモンドの中には、冬の大三角と五角形の星の並びが見えます。一等星のカペラを含む五角形は「ぎょしゃ座」。古代ギリシャにすでにあったと伝えられる古典星座です。日本では五角星として親しまれています。

ローマ神話では鍛冶の神ウルカヌスの子のエリクトニウスとして登場します。幼いころから足が不自由なため、四頭立ての馬車を発明して走り回った功績によりアテネの王にまでなった話がローマの詩人マニリウスによって伝わっています。

それではプラネタリウムの星空でぎょしゃ座の姿を描いてみましょう。

一等星のカペラは雌の山羊を意味します。カペラの隣にある小さな三角形は子山羊に見えます。カペラと並ぶ二等星は右肩、その下の三等星が手綱をもった右手です。

おうし座近くに並ぶ二等星と三等星は両足にあたり、右足の二等星は牡牛の頭の角の先と重なります。現在、この星はおうし座β星となっていますのでふたご座の星には含まれていません。

ここからは一等星のカペラに注目しましょう。

冬の一等星は彩り豊かでベテルギウスやアルデバランはオレンジ色に輝いています。それに比べるとシリウスやリゲルは青白い輝きです。その中で優しく薄黄色の輝きを放つカペラに私は心が休まる気がします。

星の色はその表面温度の違いなのです。太陽の表面温度は約5800度です。カペラは1個の星に見えますが4個の恒星が互いに回り合う四重連星です。なかでも表面温度が約5000度のカペラAと約5700度のカペラBの2個の連星がまとまって輝き、肉眼で明るく見えています。したがって太陽の表面温度に近いため太陽と同じ色に見えるのです。カペラを見ているとなにか親しみを感じさせてくれるのは同じ表面温度だからです。

もちろん、違うところもあります。計算上43光年離れたカペラの位置に太陽を並べてみたとします。カペラは0・1等級ですが太陽の方は5等級の暗い星に見えます。その理由は星の直径の違い。カペラAは太陽直径の12倍、カペラBは太陽直径の9倍もある巨大な恒星だったのです。人間と同じように恒星も個性の違いがあるのですね。

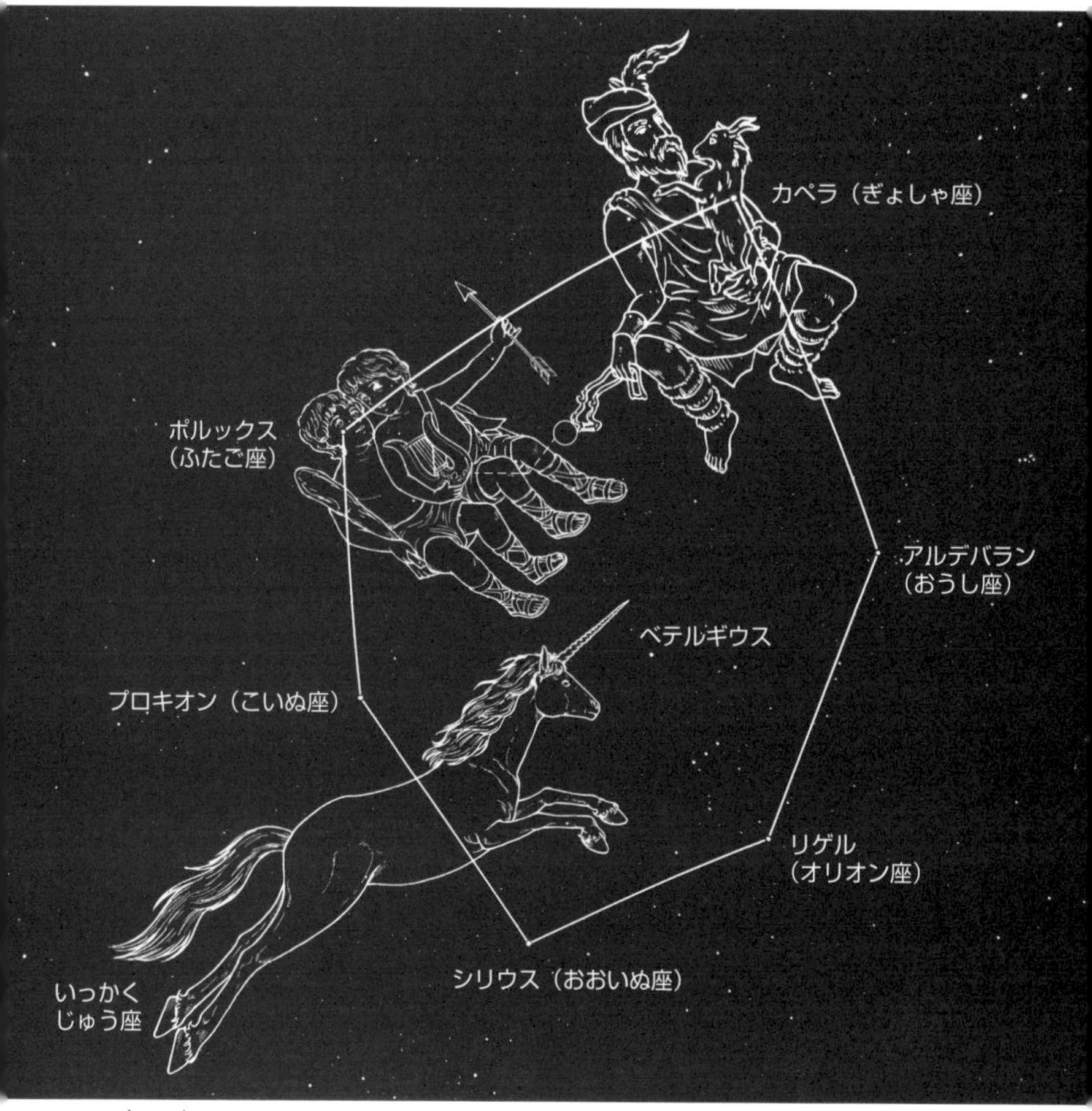
カペラ（ぎょしゃ座）
ポルックス
（ふたご座）
アルデバラン
（おうし座）
ベテルギウス
プロキオン（こいぬ座）
リゲル
（オリオン座）
シリウス（おおいぬ座）
いっかく
じゅう座

冬のダイヤモンド

✦いっかくじゅう座――輝く三角の額縁

ふたご座とぎょしゃ座は最も古い古典星座でした。ここに紹介するのは17世紀に登場したとされる新しい星座です。四等星の暗い星ばかりの星座ですから都会の明るい夜空では全体を見ることはできません。しかし冬の星空で誰でもその星座の場所は簡単にわかります。なぜなら星座の姿の半分が冬の大三角の中にあるからです。

中世のキリスト教会では旧約聖書に登場する動物の一角獣にまつわる神話が紹介され、西洋の宗教絵画に描かれた一角獣は額に長い一本の角を持つ空想の動物の姿です。そしてキリスト教の人が多く暮らすヨーロッパではユニコーンの名で身近な存在として親しまれています。ですから冬の大三角の中の目立つ場所に後から追加されたこともよく理解できます。プラネタリウムの星空で「いっかくじゅう座」の星を結んでその姿を描いてみたいのですが、暗くてわかりにくいので星座絵でご覧ください。いっかくじゅう座の姿は冬の大三角の輝く額縁に入れた名画のように見え、この場所に星座をつくった人の思いが伝わってきます。

宇宙のなかの、たったひとつの地球

✧永田美絵

✦寝てしまってもいいですよ

みなさん、こんにちは。「癒しの星空解説員」の永田です。私が癒しの星空解説員というニックネームをいただいているのは、多くの方から「永田さんの声を聴いていると、心地よくて……」「癒されました」と言われることが多いためです。

しかし見終わった後、お客様から「すみません……寝てしまいました」と申し訳なさそうに言われることが多々あります。プラネタリウムはリクライニングシートで暗くなりますので、寝てはダメ、というほうが無理なのです。解説員になった頃、先輩から、「心地よく寝ていただくのもワザのうち」と言われたことがありましたので、私はみなさんに心地よく過ごしていただけたら嬉しいのです。ですから寝てしまっても問題ありません。あまり気にかけず、ゆっくりお休みください。最後まで話を聴きたいというみなさんは、どうぞ気を確かにもって、気絶しないようにしてくださいね。

さて、投影の際に自分のことを話すことはないのですが、自己紹介をさせてください。私は大学卒業後、現在は閉館してしまった天文博物館五島プラネタリウムに入社しました。渋谷の駅前にあった、空襲で焼失した東日天文館に次いで東京では二番目にできた老舗のプラネタリウムです。そこで名だたる先輩解説員に解説や機械操作を習いました。村松解説員には機械メンテナンスを教えていただきました。

そもそも小学生のころから空を見上げるのが大好きな子どもだったのです。青空の中に白く浮かぶ雲がどこに行くのか、月がどうしていろいろな形になるのか、一番星がどこに見えるのか、といつも空を見上げていました。

父がよく連れていってくれたのが川崎市青少年科学館のプラネタリウム（現かわさき宙

と緑の科学館）。プラネタリウムで聴く星の話はとても面白く、私は夢中になって星空を眺めていました。やがてそんな星の世界にふれられるプラネタリウムで働きたいと思うようになりました。

思い立ったらすぐ行動するタイプなので、高校生になるとかわさき宙と緑の科学館プラネタリウムに出かけ、どうしたらプラネタリウムで働くことができるのか解説員の方に質問しました。さらに学校では、将来星の仕事に就くと公言していたため、校長先生がプラネタリウムに連絡をしてくれたりもしました。

大学の天文部で先輩に「東急まちだスターホール」（現在は閉館）プラネタリウムのアルバイトを紹介されました。プラネタリウムの仕事は楽しくて仕方がなくて、夢中になりました。楽しすぎて、仕事が休みの日にもプラネタリウムに通い詰めていたほどです。最終的には学生アルバイトでありながらプラネタリウムの解説はもちろんのこと、番組制作、イベント、果ては先輩方のシフト調整までやっていました。

そんな中、大学を卒業する年に天文博物館五島プラネタリウムで解説員募集があることを聞きました。縁とは不思議なもので、一心にプラネタリウムで働きたいと願っていた思いが伝わったのでしょう。今考えると奇跡としか思えないのですが、大勢の希望者の中から新卒で私が採用されることになりました。

五島プラネタリウムでは先輩方から数々のことを学び、多くの仲間との出会いがありました。しかし残念ながら施設老朽化のため2001年3月に閉館。

その後はフリーのプラネタリウム解説員として数々の仕事を経験しました。プラネタリウムの解説だけでなく、新聞で星のコラムの執筆や書籍の刊行、NHKラジオ第1「子ども科学電話相談」の天文・宇宙担当。しかし、ひと月に数日の仕事では、とても生活できませんでした。星の仕事がない時は塾講師からコンビニのバイトまで、多い時には8ヵ所の仕事をやっていました。

それでも星の仕事をあきらめなかったのは私にはミッションがあったからです。

一時期、本当に仕事に困った時のこと。「なぜ、私はプラネタリウムで働きたいのか」、自問自答しました。そもそもなぜ星を好きになったのか思い出してみたのです。

天文学を勉強していると、日々感じます。星の誕生や死によって多くの元素ができ、それが巡り巡って私たちに繋がっていること。果てしなく広い宇宙に、たくさんの星があるのに、私たちが安心して住める星は地球しかないこと。その地球の中に生きている私たちが奇跡的な存在であること。

私たちが生きる中で天文学を伝えていくことは、大切なことなのではないか。大きなことを言えば、世界の平和にもつながるのではないか。自分ひとりの力は小さくても、私が知った素晴らしい宇宙のことをみなさんに伝えることはできるのではないか――。このことを自分のミッションにしようと決めました。それからは何事も、まずミッションが達成できるのかを基準に選ぶようになりました。

コスモプラネタリウム渋谷開館のために村松解説員からお声がかかった時も、多くの方に天文の話を伝えられると直感したからです。

こうして、現在私はコスモプラネタリウム渋谷のチーフとして解説台に立って星の話をしています。解説の中でも、宇宙を知ることであらためて私たちが本当に大切にしなければならない宇宙の中のたったひとつの地球のことを伝えています。

✦見上げることは心によい

さて、みなさんは普段の生活のなかで星を見上げることがあるでしょうか？

学校帰りやお仕事帰りなど、空が目に入ることがあるかもしれませんが、じっくりと見ることは、毎日忙しく過ごしていると少ないと思います。

でも、上を見上げることは、心にすごく良いのです。脳科学者の篠原菊紀先生によれば、人間は上を見上げていると落ち込むことがないそうです。

私たちの脳は上を見上げていると、未来のことや成功したことなどポジティブに考えるといいます。逆に下を向いていると、失敗や過去などネガティブに考えてしまう。

見上げることは心に直結します。心が疲れた時、元気が出ない時など夜空を見上げてみてください。その時、知っている星座や星がひとつでもあると嬉しいですよね。

星座探しのコツは同じ時間にできるだけ同じ場所で星を見上げること。ですからご自宅のベランダで午後8時に見上げる、など自分だけの星空スポットを作ってみるのも良いでしょう。

✦残念な名前

さあ、ここからは冬の宵空に見える星座をご紹介しましょう。

冬の星座は明るい一等星が多く、都会の空でも見ることができる星座が目白押し。星座探しをこれからしたい方は、冬からスタートするのがおすすめです。星座は自分で見つけるのが楽しいので、ひとつでも探したい星座があれば自分で見つけてみてください。

まず冬の代表的な星座、オリオン座から見つけましょう。

星座界のスーパースターでもあるオリオン座は12月下旬午後11時ころ、2月下旬午後7時ころ南の空に見えています。オリオン座は、みなさんも一度は見たことがあるのではないでしょうか？　長四角の星の中に３つの星が行儀よく並んでいる形です。

３つ並ぶ星は「みつぼし」。左側からアルニタク、真ん中の星がアルニラム、右側がミンタカという名前で狩人オリオンのベルトにあたる星です。

みつぼしは、のぼるときは縦に３つ並び、西へ沈む時は横に３つ並んで沈みます。これは中学受験にもよく出るそうです。

オリオン座の右肩、四角い星の左上にあたる星が一等星のベテルギウス。ベテルギウスは肉眼で見るとオレンジ色に見えます。

ベテルギウスは地球から見ると小さな点にしか見えませんが、質量が太陽の10〜20倍もある赤色超巨星と呼ばれる星です。赤色超巨星は年をとり大きく膨らんだ星の姿です。

ベテルギウスは将来、超新星爆発を起こすことがわかっています。

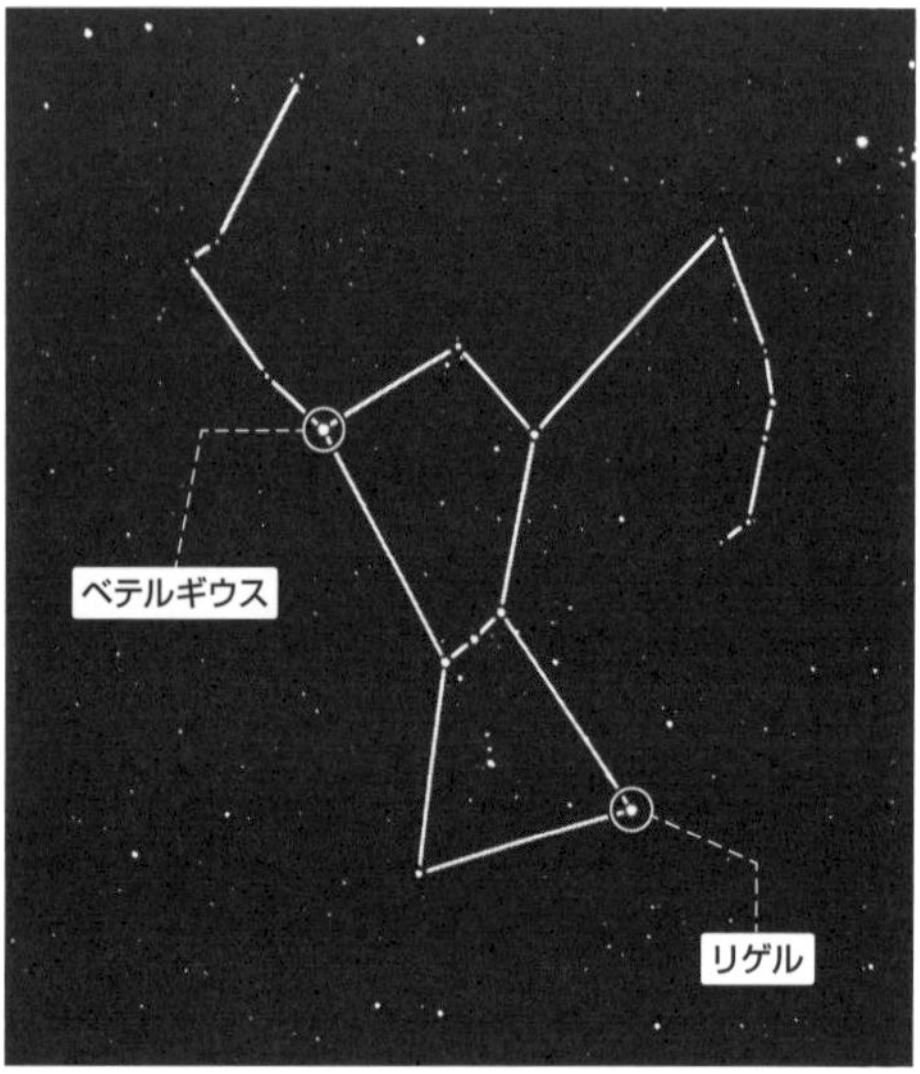

オリオン座

２０１９年から２０２０年にかけてベテルギウスが急に暗くなる現象がおこりました。ベテルギウスは０・５等級という明るさでしたが、２０２０年１月には１・５等級まで暗くなりました。そのとき、ベテルギウスがそろそろ超新星爆発を起こす予兆ではないか、と大変話題になりました。

　実はこの時、村松解説員は毎日観測を続けて、ベテルギウスの明るさに注目していました。

　私は超新星爆発を見てみたかったので「早く爆発して！」と願ったのですが、爆発までは、まだ時間がかかりそう。最近では、超新星爆発は約10万年後（！）と計算されているそうです。当分、ありませんね。爆発が心配という方は、ご安心ください。

　オリオン座の左足に輝く星は、リゲル。青白くとても綺麗な星です。意味は「左足」。

すごく綺麗な星なのに、左足とはあまりにも平凡、美しい星に見合わない名前です。もう少し凝った名前をつけてほしかったです。昔の人のネーミングセンスに突っ込みを入れたいところです。

見どころ満載のオリオン座

さて、オリオン座の神話を2つご紹介しましょう。

ひとつ目はオリオンとさそりの話です。オリオンはギリシャ神話に登場する狩人で、力強く大男で森の中に住むどんな動物も獲ることができました。ところがそれを自慢して傲慢な態度をとったため、オリオンを懲らしめようと神様がさそりをおくりました。オリオンはさそりに刺されてしまいます。

さそりもオリオンも天にあがり星座になりましたが、今でもオリオンはさそりが大の苦手。さそりと会わないように空を逃げ回っています。

さそり座とオリオン座は太陽と満月の位置関係のように、180度離れているため同じ空に見えないのです。昔の人はその事実から神話を考えたのですね。

もうひとつ、オリオンとアルテミスの神話もお話ししましょう。

オリオンと月の女神アルテミスは恋人同士でした。2人は仲良く毎日を過ごしていましたが、そんな2人を快く思っていなかったのがアルテミスの兄、太陽の神アポロンでした。オリオンは乱暴なところがありましたので、妹と恋人同士なのが、兄アポロンには許せなかったのです。

ある晩のこと、オリオンは海に入って水浴びをしていました。オリオンは大男でしたから遠くから見るとその姿は大きな熊のように見えました。それを見つけたアポロンはアルテミスを呼ぶとこんなことを言ったのです。

「おい、アルテミス。おまえはいつも弓の腕を自慢しているが、いくらおまえでもあそこにいる大きな熊を一矢で射貫くことはできまい」

アルテミスは、狩りの女神でもあるので腕に自信がありました。兄の言葉を聞くや、きりりと矢を引くと、オリオンとも知らずに一矢で射貫いてしまったのです。

翌日、オリオンは海辺に打ち上げられました。死を知ったアルテミスは嘆き悲しみました。知らないとは言え、大切な恋人を自分の手で殺してしまったのです。

アルテミスは何日も何日も泣き暮らしました。天からこの様子を見ていた大神ゼウスは、可哀想になってオリオンを夜空に拾い上げ星座にしたそうです。
しかも月の通り道にオリオン座を置きました。今でも月は夜空を動いていき、オリオンの近くにやってきます。そんな時はオリオンとアルテミスが仲良くデートを楽しんでいると思ってくださいね。

星が生まれる場所

オリオン座のみつぼしの下に星が縦に３つ並んでいます。これを「こみつぼし」と言います。空の綺麗な場所に行き、こみつぼしの真ん中付近を良く見ると、肉眼でもぼんやりとした雲のようなものが見えます。

これがオリオン大星雲M42という天体です。

オリオン大星雲は水素などのガスの集まりです。星はガスの中から生まれるので、オリオン大星雲はまさに星の製造工場のような場所です。

オリオン大星雲

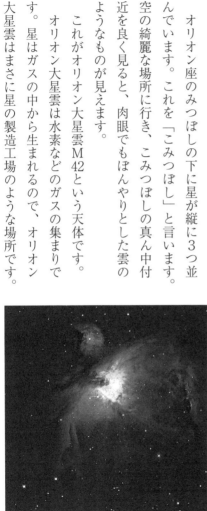

真ん中にあるトラペジウムという生まれたての星の赤ちゃんたちが、周りのガスを照らしているため明るく見えます。

またみつぼしの東隅に馬頭星雲と呼ばれる暗黒星雲があります。

まるで馬の頭のように見える星雲。星雲にはこのように形から名前が付けられています。

ちなみにM78星雲と言えばウルトラの星として有名ですが、M78はオリオン座のみつぼしの北東にある実在する星雲です。と言ってもウルトラマンが住んでいるという確認は今のところ取れていません。

歌では「君にも見えるウルトラの星〜」だったと思いますが、明るさは約8等級ですから肉眼では見えません。見たいという方は、空の綺麗な場所で、望遠鏡などを使ってご覧ください。

オリオン座の中にはこのような星雲がいくつもありますが、オリオン座付近をすっぽりと包みこんでいるのが「バーナードループ」と呼ばれる場所。1895年にエドワード・エマーソン・バーナードが発見した円弧状のガスの集まりです。バーナードループは写真撮影によってはじめて発見されました。

肉眼では見えないけれどもオリオン座を取り囲むようなガスの集まりが発見された時には、大変驚いたのではないかと思います。

このガスの集まりは、今から約200万年前にこの付近で超新星爆発を起こした星の残骸だと言われています。そしてさらに研究を進めると、この星はどうやらオリオン大星雲のあたりで超新星爆発を起こしたようだということがわかってきました。

つまり、今でも宇宙の中で広がり続けているということ。やがて、このガスの集まりが新しい星を作る材料になるのです。こうして星はめぐりめぐっていくのですね。

✦おうし座の神話

オリオン座のみつぼしを結んで上に伸ばすと、明るい星がみつかります。

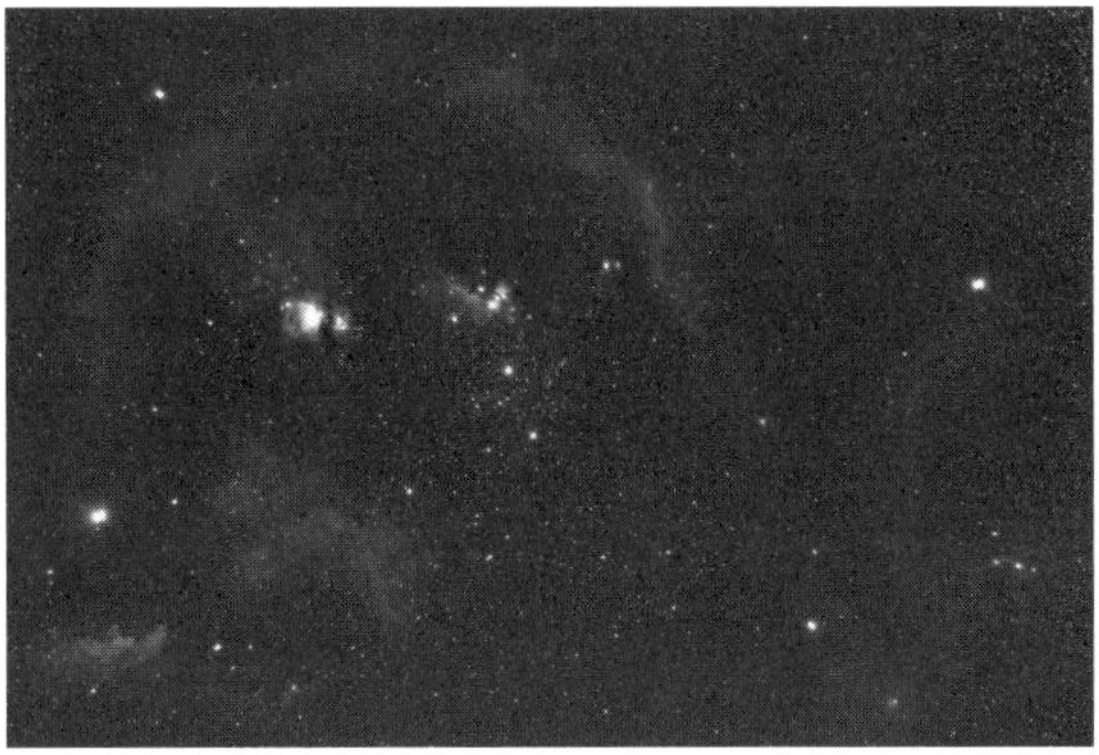

バーナードループ

おうし座

アルデバラン。おうし座に輝く一等星です。アルデバランから近くの星をV字に結んだあたりが牡牛の顔の付近。このあたりをヒヤデス星団と言います。日本ではV字の形から釣鐘星《つりがねぼし》と呼ばれています。おうし座は12月中旬午後11時ころ、2月中旬午後7時ころ南の空に見えています。

おうし座の神話をご紹介しましょう。

牡牛はギリシャ神話に登場する大神ゼウスが化けた姿です。

ある日のこと、ゼウスは地上を見下ろしていて、ひとりの女性に目を奪われました。その女性はフェニキアの王女エウロパです。エウロパは大変美しく、その姿を見たゼウスはたちまち恋に落ちてしまったのです。

しかし、自分は大神ゼウス。神の姿のままで地上に降りていくこともできません。そこでゼウスは真っ白な牡牛に姿を変えてエウロパのもとに降りていきました。

エウロパは野原で花を摘んでいましたが、ふと見ると目の前に真っ白な牡牛が立っているではありませんか。牡牛は優しい目でエウロパを見つめています。はじめは驚きましたが、やがて牡牛のそばにきて背中をなでたりしました。そのうち、牡牛は乗りなさい、とばかりに背中をかがめました。

エウロパが背中に乗ったとたん、牡牛はすごい速さで駆け出しました。エウロパは必死にしがみついています。やがて牡牛は海辺にやってきましたが止まらずに、海の中をばしゃばしゃと泳いでいきます。

牡牛は地中海を超えてクレタ島までやってきました。そして、ようやくエウロパの前でゼウスの姿に戻ったのです。

驚くエウロパにゼウスは愛の告白をし、その地で二人は幸せに暮らすことになりました。エウロパとゼウスが暮らした土地は、今ではエウロパの名前をとってヨーロッパと呼ばれるようになったそうです。

おうし座の姿を見ると下半分が見えませんが、これはゼウスがエウロパを背中に乗せて海を泳いでいる姿だからだと伝えられています。

✦美しきすばる

さて、もう一度おうし座の右目にあたるアルデバランを見てみましょう。アルデバランは「あとに続くもの」という意味。何のあとに続くのでしょうか。それはアルデバランから上に星をのばすと見つかります。

おうし座の肩のあたりに、ごちゃごちゃと星が集まっていますが、これがプレアデス星団M45。日本名「すばる」です。みなさんもすばるという名前は聞いたことがあるのではないでしょうか？　「すまる」とも呼ばれたり、沖縄で「むりかぶし」と呼ばれるのは、星が群れるように見えるところからと言われます。古くから農作物の種まきの時期を知る目印に使われてきました。

ハワイのマウナケア山頂にある日本の巨大望遠鏡はすばる望遠鏡。沖縄にある石垣天文台の望遠鏡はむりかぶし望遠鏡。いずれも日本の国立天文台の望遠鏡で、どちらもすばるを意味する名前がついています。ハワイのすばる望遠鏡は１９９９年1月のファーストライト以来、２０２４年で25周年を迎えました。口径８・２メートルの光学赤外望遠鏡でさまざまな観測をしてきました。太陽系以外の惑星、遠方にある銀河の発見など大活躍です。すばるの名前が付けられた日本の望遠鏡が活躍しているのは、本当に嬉しいことですね。

ではなぜ、日本の望遠鏡にすばるの名前がついたのでしょう。それは日本人が昔からすばるの星を良く見ていたからです。

すばるという和名は古く平安時代から知られていました。

清少納言の『枕草子』に「星はすばる、ひこぼし、ゆうづつ……」と書かれています。これは星の中で一番美しいのはすばる、次がひこぼし（わし座のアルタイル）、次が宵の明星・金星という意味です。

数ある星の中で一番美しいと言われたすばるは、日本では各地でさまざまな呼び名が伝えられています。「六連星《むつらぼし》」「六地蔵」「相談星」「羽子板星」「ごちゃごちゃ星」など、地域によりさまざま。みなさんの家の近くでもすばるの別名があるかもしれません。

おうし座のなかのプレアデス星団にも神話が残っています。

西洋のプレアデスという名前は、ギリシャ神話に登場するアトラスと妖精プレイオーネの間に生まれた7人姉妹の総称です。プレアデス姉妹は月の女神に仕えていました。ある

プレアデス星団／すばる

日、プレアデスが森の中で遊んでいると狩人オリオンがやってきます。オリオンはプレアデスを見つけると、ちょっかいを出して追いかけまわしました。オリオンは少々乱暴なところがあったのです。
　姉妹がオリオンに捕まりそうになっているのを月の女神アルテミスが見つけました。このままでは捕まってしまう！　そこで、アルテミスはプレアデスを真っ白な鳩に変身させます。鳩になったプレアデスはいっせいに空へ。その鳩が、星の集まり、プレアデス星団になったということです。
　しかし、夜空を見ると……。オリオンは、まだあきらめずプレアデスを追いかけているように見えます。

さて、このすばる、プレアデス星団は肉眼では6~7個ほどですが、本当は300~500個ほどの星の集まりです。しかもまだ若い星ばかり。人間にたとえると幼児か小学校低学年といったところでしょう。今は多くの星が集まって青白く輝いていますが、やがては大人の星になり個別に宇宙の中で輝くことでしょう。

超新星爆発によって誕生する星雲ですが、おうし座の中の「かに星雲」もあります。おうし座の中にカニ? ややこしいのですが姿が似ているためつけられた名前です。カニには見えない気もするのですが……みなさんはどう思いますか?

かに星雲は1054年に起きた超新星爆発の残骸の星雲です。

藤原定家の『明月記』に爆発した星が一時明るく輝いた記録があり、現在でも星雲が宇宙空間の中で広がり続けています。

星の残骸は新しい星を作る材料になるのです。

✦おおいぬ座、シリウスの役割とは

もう一度オリオン座のみつぼしに戻りましょう。みつぼしを結んで下に伸ばすと、おおいぬ座のシリウスが見つかります。

シリウスは星座の中で一番明るい星で「焼きこがすもの」という意味があります。

シリウスの明るさはマイナス1・5等級。星座の星の中で一番明るい恒星です。

おおいぬ座は1月中旬午後11時ころ、2月中旬午後9時ころ南の空に見えています。

オリオン座のベテルギウス、おおいぬ座のシリウス、こいぬ座のプロキオンを結んだ三角が冬の大三角。みなさんも小学生のころに習ったかもしれません。冬の大三角は一等星を三つ繋いで作る、都会の空でも良く見える三角ですからぜひ見つけてみてください。


紀元前3000年ころの古代エジプトではシリウスが太陽に先駆けて東からのぼってくるのを見て年の初めとしていました。

現在私たちが使っている暦は太陽の動きをもとにしたシリウス暦がもとになっています。

シリウス暦とは1年を12ヵ月、各月は30日、10日ごとの週で構成されている暦です。

当時のエジプトでは、シリウスが日の出とともにのぼるころをヘリアカルライジングと呼んでおり、毎年ナイル川の氾濫を教えてくれる目印の星でした。名前もナイルの星と呼ばれていました。日本でも大星《おおぼし》、青星《あおぼし》、中国では古代より天狼星《てんろうせい》の名前で呼ばれていましたから、世界中の人々が昔からシリウスを見ていたのですね。

シリウスを望遠鏡で見ると明るい恒星の近くに約8等級の星が寄り添っているのがわかります。この星をシリウスBと呼ぶのですが、この星は白色矮星と呼ばれる星です。白色矮星とは太陽くらいの重さの星が外側にガスを逃がし、中心に残った星のことです。

太陽はあと50億年ほどたつと、惑星状星雲と言って外側に丸くガスを逃がして中心に白色矮星が残ります。太陽の未来の姿かもしれません。

✦こいぬ座はハチ公？

おおいぬ座のシリウスは犬の牙にあたる星で、近くの星を三角につなぐと犬の顔ができあがります。夜空で見ると狩人オリオンが連れている猟犬のように見えますが、神話では地獄の番犬ケルベロスとも言われています。ケルベロスは頭が3つある恐ろしい犬で地獄から人が逃げ出さないよう門のところで見張っている番犬です。プラネタリウムの絵では賢く、かっこいい犬に見えますが、あまり会いたくない犬ですね。

では、こいぬ座も怖い犬なのでしょうか。こちらはかわいらしい子犬のようです。

昔、ギリシャにアクタイオンという若者がいました。鹿を狩ることを生業《なりわい》にしており、頼りになる猟犬を50頭ほど連れて仲間と共に森に鹿狩りに出かけていました。

そんなある日のこと、アクタイオンが深い森の中に入っていくと、綺麗な水をたたえた泉が見えてきました。楽しそうな声が聞こえてきたので草の間から泉の様子をうかがうと、そこに水浴びをしている大勢の娘たちがいました。

娘たちは狩りの女神アルテミスにつかえる妖精たちでした。アルテミスは妖精に髪をとかしてもらいながら水浴びをして森の中で休んでいたのです。

神様の姿を見ていてはいけないと思いながらも、美しいアルテミスに目を奪われてしまい動くことができません。

しかし妖精たちは叫び声をあげました。驚いたアルテミスはアクタイオンの顔を怒りをこめた目でにらみつけると弓矢で射殺そうとしましたが、近くに矢が見つかりません。

「無礼ものめ！　よくも覗き見したな！　このことをみんなにしゃべれるものならしゃべってみるがよい！」。そういうとアクタイオンを鹿に変える恐ろしい呪いをかけます。

額から大きな角が生え、耳も足も鹿に変わり、体中に毛が生えて――あっという間にアクタイオンは鹿に変わってしまいました。どんなに叫んでも、鹿の鳴き声が響くだけです。

アルテミスが去ったあと、アクタイオンは自分の姿を泉の水にうつしました。

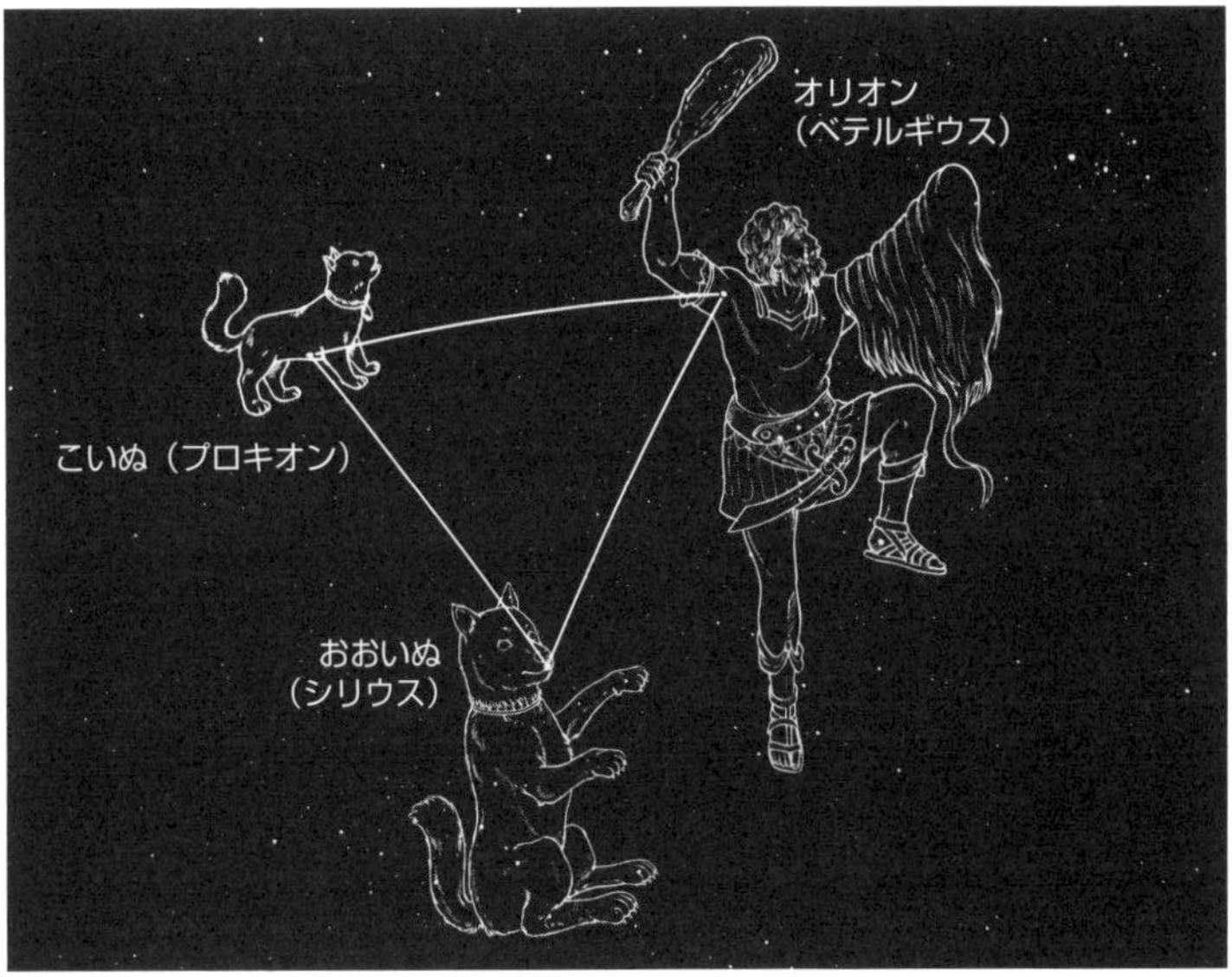

冬の大三角

鹿の姿でこれからどうしたら良いのでしょう。森の中で立ち尽くしていると、いつも連れている猟犬たちが走ってきました。

おまえたちはわかってくれるのか？　駆け寄ろうとしましたが、猟犬たちは襲い掛かってきます。

「みんな、私だ！　アクタイオンだ！」

叫びましたが猟犬たちには届きません。アクタイオンは森の中を逃げ回りました。

しかし、いくら逃げても猟犬たちは追いかけてきます。猟犬たちはアクタイオンのために必死で鹿を捕まえようとしていたのです。

一頭の猟犬がアクタイオンの背中に

飛びつき肩にかみつきました。それはいつもかわいがっていた犬でした。倒れこんだ鹿に他の猟犬たちもかみつきました。

アクタイオンは意識が遠のいて、もう何もわからなくなりました。仲間の狩人たちも駆けつけて、猟犬たちを讃えました。

アクタイオンは自分の猟犬たちに襲われ、ついに崖から落ちてしまいました。

猟犬たちはアクタイオンを待ちました。仲間たちも待ちました。しかしいくら待ってもアクタイオンは戻りません。

季節が変わり、雪が降りはじめても猟犬たちはアクタイオンを待ち続けました。やがて寒さと飢えのために子犬は死んでしまいました。

天の上からこの様子を見ていたゼウスは子犬がかわいそうになって夜空にひろいあげて星座にしました。それがこいぬ座になったということです。今でも星になった子犬は目に涙をいっぱいためてアクタイオンの帰りを待っているといいます。

こいぬ座の目のあたりに輝く星がゴメイサと言いますが、意味は「泣きぬれた瞳」。とてもロマンティックな名前ですが、子犬が主人をじっと待っているのを想像すると、何ともかわいそうです。

この神話を聞いた時に、あれ？　主人をじっと待っているとは、あの話に似ている、と思いました。そう、渋谷のハチ公です。

こいぬ座の子犬はハチのよう。星座の中にも主人思いの犬がいるのですね。

星の一生

宇宙にあるさまざまな星を調べることで星自体の一生を知ることができます。

ひとつの星の寿命は人間の寿命と比べると永遠とも思える長さです。ですから星の一生に立ち会うことは私たちにはとてもできません。しかしいろいろな星を調べることで、星がどのような一生をおくるのか、その中で私たちとどんな繋がりがあるのかがわかってきました。

まず星が生まれる様子をお話ししましょう。

星は宇宙にあるガス（星間ガス）が集まって誕生します。冬の夜空の中ですと、オリオン大星雲のあたりを思い出してください。オリオン大星雲は星を作る材料のガスが集まっている場所でしたね。

宇宙にあるたくさんのガスが集まり、星が誕生するのです。

宇宙にあるガスのほとんどは水素とヘリウムですが、宇宙が誕生した今から138億年前にも宇宙にあったのは水素とわずかなヘリウムでした。ガスが集まると次第にガスの塊（星間雲）になっていきます。

みなさんは小さな頃「おしくらまんじゅう」で遊んだことはありますか。からだをぎゅうぎゅうと押し合うと熱くなってきますよね。同じようにガスがぎゅうぎゅうと集まると中心が熱くなっていきます。

圧力がかかり温度や密度が上がっていくと、さらに中心部分の温度が上がっていきます。中心温度が1000万度を超えると、いよいよ水素をヘリウムに変える核融合反応が起こります。

これが星の誕生なのです。核融合反応で膨大なエネルギーが出て、星は光り輝きます。おうし座のプレアデス星団（すばる）はこうして誕生した若い星の集まりです。

宇宙には、軽い元素である水素がたくさんあります。

水素が集まり、原子核どうしがくっついて、ヘリウム原子が作られるのですが、この時に膨大なエネルギーが出ます。

それが、星が輝く仕組み、核融合反応です。太陽からは1秒間に約175兆キロワットものエネルギーがやってきます。これはなんと大きな火力発電所3000万個分のエネルギーだそうです。この膨大なエネルギーを星が作りだしているのです。

そして地球は太陽からたくさんの光と熱をもらっているのですね。

太陽は、今まさに光り輝く主系列星と呼ばれる働き盛りの星です。太陽の寿命は100億年ほどですから、現在は50億歳ほど。あと50億年は主系列星として私たちにエネルギーを与えてくれます。


ところが、星にも人間と同じように寿命があります。

永遠とも言える長い時間、輝いていますが、永遠ではありません。

太陽くらいの重さの星は、核融合反応によって星の中心で水素原子がヘリウム原子に変わりながら熱や光を出しています。あと50億年ほどたつと、たくさんのヘリウム原子が太陽の中心にたまり続け、太陽はやがて燃料となる水素がなくなっていきます。

すると太陽は膨張をはじめます。膨張すると表面温度が下がってくるため、太陽は赤く大きな星になります。これが赤色巨星という状態です。オリオン座のベテルギウスは、年をとった赤色巨星でしたね。

膨張した太陽は、今の地球軌道あたりまでくると言われていますから、太陽に近い水星や金星は飲み込まれてしまうと予測されています。そして地球も高温にさらされて住むことはできないでしょうから、そのころには太陽系を離れて、どこか他の星に移住することを考えなければなりません。

太陽はさらに膨張すると外側にガスを逃がし、惑星状星雲になります。中心に残るのは白色矮星という星ですが、それも次第に輝きを失っていきます。

✦人間は星のかけら

さあ、ここで推理をしてみましょう。

地球は太陽と違い、さまざまなものであふれています。

水もあれば空気もあります。山や木もあります。

水は水素と酸素の元素でできています。

空気は窒素や酸素、アルゴンや二酸化炭素などでできています。

地球には鉄もあれば、金もあります。

これらそれらの元素はどこから来たと思いますか?


太陽は核融合反応によって水素からヘリウムを作り出して輝いています。

宇宙の中で一番多い元素は水素。

今からおよそ138億年前に宇宙が誕生した時も、宇宙に最初にあったのは水素とわずかなヘリウムでした。宇宙に最初にできた星は、水素やわずかなヘリウムが材料になって誕生したのです。太陽も水素原子をヘリウム原子に変えて輝いているのですよね。

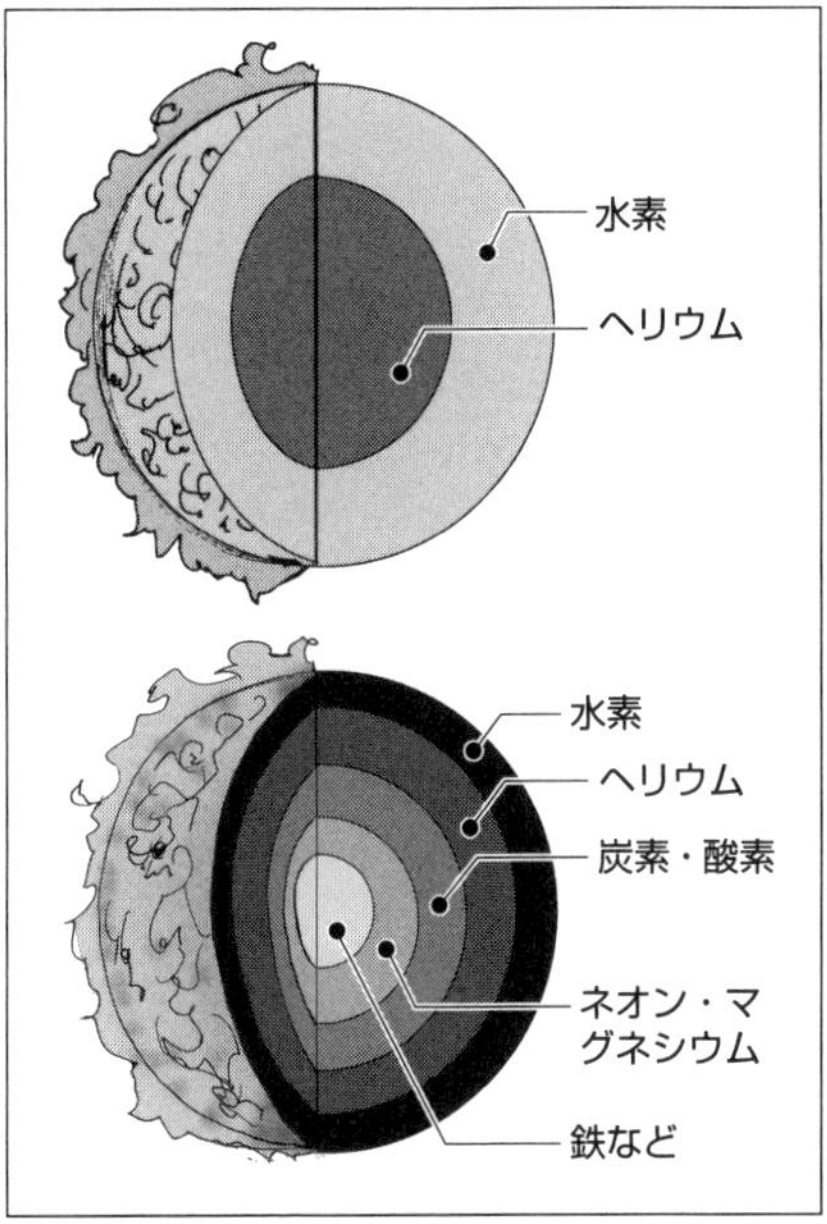

惑星の内部構造(上/初期　下/後期)

この宇宙の中には水素とヘリウムしかないわけではありません。でも他の元素は太陽が作ったわけではありません。すでに太陽ができる前からあったということですよね。

それらを作ったのは、実は太陽より先に生まれた星なのです。太陽くらいの重さの星は水素をヘリウムに変える核融合反応で輝き、太陽と同じような一生を終えます。しかし太陽よりも重たい星になると、一生が違ってくるのです。

太陽の3〜25倍ほどの重さの星は、核融合反応が進み星の中心部分で炭素や酸素、ネオンやマグネシウムなど、どんどん重たい元素が核融合反応で作られていきます。やがて鉄ができますが、鉄は大変安定しているので、これ以上の核融合反応は起こりません。

そして星自身の重力で全体につぶれていき、やがて大爆発を起こしてしまいます。これが超新星爆発です。これによって鉄よりも重たい元素ができて宇宙に広がっていきます。こうして、宇宙には水素とヘリウム以外にもさまざまな元素ができました。

さて、最初に戻りますが、地球にあるたくさんの元素はどこからきたのでしょうか。

答えは、太陽が生まれるよりも前にあった重たい星が作ったということになります。

太陽は、宇宙が誕生して最初の世代にできた星ではありません。太陽誕生よりもはるか以前に重たい星があり、その星が多くの元素を作って宇宙にかけらが散らばっていきました。そのかけらが集まって太陽や地球が誕生したのです。

もっと深く考えていくと、私たちの体を作っているものもすべて元素の集まりですよね。骨に含まれるカルシウムも血の中に入っている鉄も、みんな星が核融合反応で作ったものです。みなさんもみなさんの大切な人も、地球に生きるすべての生き物も、広大な海も山も、すべて星のかけらでできているのです。


「私たちはどこからきたのだろう」という定番の問いかけがあります。この答えのひとつは「宇宙から来た」です。宇宙に元素がないと、新しい星が誕生しなかったし、重たい星がなかったら多くの元素ができませんでした。

地球は誕生しなかったことになりますし、私たちも生まれなかったことになります。星がなければ、私たちの世界はなかったのです。

星はすべてを作ってくれたことになります。

私は先人たちが星を観測し、星が輝く理由を解き明かし、いろいろな星の一生を調べてこの結果にたどり着いたことに感動してプラネタリウム解説員を目指しました。このことを多くの方に知ってもらいたいと思ったからです。

日々忙しく過ごしていると、目の前にある空気も水もあたりまえですし、美しい風景を見るよりもスマホを見るのに下を向いてしまうことが多いと思います。自分の欠点ばかり思って、この世界はなんてつらいのだろうと思ってしまうこともあるでしょう。

でも私たち一人一人は、もとをただせば宇宙の中のかけらが集まって生まれ、永遠ともいえる時間の果てに命をつないでここにいます。この確率を数学的にいうと10の4万乗分の1。たとえると、バラバラに壊した時計の部品をプールに投げ込んで、プールの水の流れだけで時計を組み立て直すくらいの確率だそうです。これって奇跡だと思いませんか？

天文学は私たちに大切なことを教えてくれます。
地球が広い宇宙の中で、本当に特別な星であること。
そこに生きている私たちが特別な存在であること。

近年、天文学はどんどん進歩して、毎年のように新しい発見があります。私は現代を「宇宙航海時代」と呼んでいます。かつて大航海時代に多くの船乗りが未知の大陸を目指して船を漕ぎだしたように、現在の私たちは探査機や宇宙望遠鏡、電波や赤外線など可視光以外の望遠鏡などさまざまな機械を使って、未知の宇宙を探査しています。

もちろんたくさんの発見がある一方で、宇宙の謎は深まるばかり。まだまだ宇宙はわからないことばかりです。

私たちはなんて不思議な世界に生きているのでしょう。まだわからないことだらけの宇宙を知りたいと思いませんか？

私は宇宙のことを考えると、わくわくした気持ちになります。そして宇宙を知ることで、心豊かな時を過ごせるようになりました。

地球に生きるすべての命を愛おしく思いますし、地球で争いが起きていることが心から悲しくなります。私たちの命はみんな同じ星のかけらからできていて、どんなに争っても、やがて地球は太陽とともに終焉を迎え、私たちのからだはすべて星のかけらに戻っていくのです。そう考えると、今という時をもっと大切に、そして争うよりみんなで星空を見上げる世界ができたら、と思うのです。

忙しく人々が行きかう渋谷の街でも、夜空を見上げることはできます。

以前、皆既月食があった時に、ふだんは足早に歩いていく多くの方々が、月を見上げていました。

月を撮影していたり、指さして話をしていたり、じっくりと月を眺めていたり。誰もが笑顔で月を眺めていたのです。夜空を見上げているとみんなが笑顔になれる。そう思いました。

だからこそ、プラネタリウムを見にきてくださるみなさんにお伝えしたいのです。

星を見上げてみてください。地球の美しい風景をたくさん心に溜めてください。それが人生をより豊かにしてくれるはずですから、と。

コラム4

渋谷とプラネタリウムをつなぐひと

◇永田美絵

コスモプラネタリウム渋谷には伝説のプラネタリアンがいます。この道50年の村松修解説員がその人。村松解説員のプラネタリウム人生は、かつて渋谷駅前にあった「天文博物館五島プラネタリウム」から始まりました。そしてコスモプラネタリウム渋谷の開館にも大きな貢献をされていて、まさに渋谷のプラネタリウムになくてはならない存在です。

日本初のプラネタリウムは1937年、大阪市立電気科学館（現在の大阪市立科学館）でした。

次いで翌年開館したのが東京・有楽町の東日天文館。しかし開館からわずか7年後に空襲で焼失してしまいます。その後、東京にプラネタリウムをと望まれ、開館したのが天文博物館五島プラネタリウムだったのです。

1957年に開館し、多くの方に星空を届けるも、施設老朽化のため惜しまれながら2001年に閉館。五島プラネタリウムが閉館した際、村山定男館長により貴重な展示物や資料は渋谷区に寄贈されました。

この時には渋谷区に新しいプラネタリウム建設の構想はありませんでしたが、大和田小学校跡地に渋谷区五島プラネタリウム天文資料室ができました。そこに村松解説員が着任したのです。

2006年、プラネタリウムを含む文化施設の構想を渋谷区長が発表すると、星空教室や観望会を続けていた村松さんを長にしたチームが組まれました。このとき、五島プラネタリウム時代から村松解説員と一緒に仕事をしてきた私も声をかけていただいたのです。

あらたな渋谷のプラネタリウムを長く愛される存在にしたいと村松さんのアイデアが随所に活かされました。そのひとつが観望スペース。

プラネタリウムを見た後、すぐに星空を見られるよう、同じフロアに屋外観望スペースを設けたのです。南の空が良く見える屋上の観望スペースは、多くの方が歓声を上げる渋谷の隠れた絶景スポットです。

そしてこの観望スペースから、南の地平線近くにりゅうこつ座のカノープスが見えるのです。東京で見ることが難しい星、それが渋谷で見えるとは奇跡的。年間10回ほど観望会を実施していますので、機会があればお越しください。カノープスを見るには2月ごろがおすすめです。

村松さんが天文の道に入った頃のお話をしましょう。

コラム 4

幼少期は天文学よりも機械に夢中でした。社会人になると仕事帰りに五島プラネタリウムに通い、天文の話よりも、ドイツで発明されて導入されたカール・ツァイス社のプラネタリウム機械を見に行きたい気持ちが強かったとか。

五島プラネタリウムで技術係の職員募集があり応募したのが25歳の頃。村松さんは先輩と共にプラネタリウムの機械のメンテナンス作業にあたることになります。

当時のプラネタリウムの機械は星や太陽、惑星などの動きを忠実に再現するため、メンテナンスにも天文学の知識が必要でした。そのため天文学を必死に学んだといいます。

入社3年目の夏のこと。解説員が足りなくなり、村松さんに白羽の矢が立ちました。星座解説は何度となく聞いているし、機械操作はお手のもの。「すぐにやれますよ」と答えて、いきなり本番に臨みます。ところが——。

夏休みで満席のプラネタリウムで頭が真っ白になり、解説をすれば操作ができず、操作に集中すると解説が止まる。見かねた先輩解説員が助けに入り、村松さんは解説を、先輩が機械を操作するという二人羽織状態で投影を続けたのでした。

その後練習を重ねて、今では伝説と呼ばれる存在になるのです。

私は大学卒業後に五島プラネタリウムに入社し、村松さんについて機械メンテナンスのお手伝いをしました。工具をいくつも使いプラネタリウムの機械を調整する姿は、当時の私には雲の上の大先輩でした。解説においてもテンポが良くてわかりやすく、何度も感動したものです。

「プラネタリウムが好きなのはなぜですか？」と聞いたことがあります。

「解説台から見る星が一番よく見える。こんな楽しい場所はないよ」と笑顔で答えてくれました。

村松さんはアマチュア天文家として、小惑星や彗星を発見しています。

きっかけは高校時代に池谷・関彗星を見たこと。この彗星は1965年にアマチュア天文家によって発見されました。

五島プラネタリウムの職員になってから、三鷹の天文台で天文学者の先生方と出会い、彗星会議に出席し、そこで憧れの関勉さんから彗星を見つける方法を教えてもらいます。やがて自分でも彗星を見つけたいと思うようになりました。

天文台へ通い、国立天文台（当時は東京天文台）のお手伝いをするようになったことから、後に小淵沢で星仲間とチームを組み、次々と小惑星を発見します。村松さんが仲間と共に見つけた小惑星は、なんと全部で170個！　さらに彗星も発見！　串田・村松彗星と名前がつきました。

170個の小惑星は軌道計算されたうえで世界中で他に発見者がなく、村松さんらに権

コラム 4

利が残ったのが40個ほど。

小惑星は発見者に命名権がありますので、村松さんが発見した小惑星には「渋谷」「八ヶ岳」「小淵沢」などの名前がつきました。

五島プラネタリウム閉館時には、当時の解説員の全員の名前を小惑星につけてくださいました。閉館しても解説員みんなは宇宙の中でつながっているのだという想いを込めて。

「みえ」いう小惑星は、私の宝物です。


今年75歳になる村松さんは、現在も現役で解説をしています。

信条は「プラネタリウムは星と遊びながら星を学ぶ」。

伝説のプラネタリアンとしてこれからも解説台に立ち続け、多くの方に星を見る喜びを伝えてくれるでしょう。

おわりに

みなさん、いかがでしたでしょうか？　私たちが見上げる夜空は数千年前から変わっていません。いにしえの人々が見上げた同じ星座を私たちは見上げています。

しかし星空にまつわる話をする人が違うと、夜空は違う色を見せてくれます。

宇宙の底知れぬ深さ。時にハラハラしたり、ユーモラスに展開したりする星座の神話。知れば知るほど星の魅力を感じられるのではないでしょうか。そして8名の解説員による星座の話をそれぞれに楽しんでいただけたでしょうか。

私はこの本を執筆した解説員全員の星空解説を何度も聴いています。同じ夜空の星なのに、聴くたびこんなに違いがあって、こんなに面白いのかと感動します。

星は何も知らなければ、ただの点に過ぎません。しかし、星と星を結んで星座を見つけると、夜空は急に違って見えてきます。

春夏秋冬、どの季節の星もそれぞれ素晴らしく、私たちの心を捉えます。コスモプラネタリウム渋谷の解説員も同じ。それぞれが個性豊かで心を捉えます。解説員のみんなは私の自慢なのです。

おわりに

まだまだ星の話をしていたいのですが、朝が近づいてきたようです。たくさん見えていた星々が今度は眠る番。暗い星から順に夜空に吸い込まれるように消えていきます。東の空からは最初の朝の光、薄明が見えはじめました。プラネタリウムでの星の話もまもなく終わりを迎えます。

朝焼けの中から太陽がのぼってきました。日の出というこの天文現象は、地球にいるから見ることができるとびきり素敵な風景です。私たちは地球という特等席からいつでもこの光景に触れることができるのです。

さあ、新しい1日のはじまりですね。

宇宙の中の地球というかけがえのない星に生きるみなさん。これからも星を見上げてみてください。そしてまた星の話が聴きたくなったら、ぜひコスモプラネタリウム渋谷に足を運んでくださいね。私たち解説員は、あなたのお越しを心よりお待ちしています。

永田美絵

【画像提供一覧】

p10、72、132、186 ……国立天文台

p23、29、31、35 ………佐々木勇太（撮影）

p85 …………………………渋谷区五島プラネタリウム天文資料（織り姫・彦星）、
村山能子（江戸の町並み）

p89、91 …………………西 香織（イラスト）

p113 ………………………NASA／JPLーカリフォルニア工科大学

p117 ………………………小久保史織（イラスト）

p117、119 ………………国立天文台／火星 木星 土星

p142、152 ………………ミツマチヨシコ（切り絵）

p167 ………………………国立天文台／アンドロメダ大銀河と伴銀河

p179 ………………………国立天文台／満月

p202、203 ………………渋谷区五島プラネタリウム天文資料

p221 ………………………国立天文台／オリオン大星雲（M42、43）

p223 ………………………ESO／ズデニェク・バルドン

p228 ………………………国立天文台／プレアデス星団（M45／すばる）

p239 ………………………村山能子（イラスト）

ほかすべてコスモプラネタリウム渋谷提供

撮影協力／コスモプラネタリウム渋谷

撮影／武田裕介（中央公論新社）

【主要参考文献】

＊浅田英夫『深読み！　ギリシャ星座神話　独自の解釈でもっと楽しむ』
地人書館（2017年）
＊出雲晶子『星の文化史辞典（増補新版）』白水社（2023年）
＊小野雅裕『宇宙に命はあるのか　人類が旅した一千億分の八』SB新書（2018年）
＊海部宣男『宇宙をうたう』中公新書（1999年）、『天文歳時記』角川選書（2008年）
＊河原郁夫『新版 星空のはなし　天文学への招待』地人書館（1993年）
＊鳫 宏道『火星ガイドブック』恒星社厚生閣（2018年）
＊木村正俊 編著『ケルトを知るための65章』明石書店（2018年）
＊高津春繁 訳『アポロドーロス ギリシア神話』岩波文庫（1978年）
＊国立天文台 編『理科年表 2024 机上版』丸善出版
＊酒井順子 訳『枕草子』（池澤夏樹 個人編集『日本文学全集.07』所収）
河出書房新社（2016年）
＊佐治晴夫『ゆらぎの不思議　宇宙創造の物語』PHP文庫（1997年）
＊柴田晋平ほか『星空案内人になろう！』技術評論社（2007年）
＊鶴岡真弓『ケルト 再生の思想――ハロウィンからの生命循環』
ちくま新書（2017年）
＊寺門和夫『まるわかり太陽系ガイドブック』ウェッジ選書（2016年）
＊天文年鑑編集委員会 編『天文年鑑 2024年版』誠文堂新光社
＊野尻抱影『星と伝説』偕成社文庫（2005年）
＊原 恵『星座の神話（新装改訂版）』恒星社厚生閣（1996年）
＊廣瀬 匠『天文の世界史』インターナショナル新書（2017年）
＊水野久美『絵で楽しむ 日本人として知っておきたい二十四節気と七十二候』
KADOKAWA（2020年）
＊山田 卓『春の星座博物館』『夏の星座博物館』『秋の星座博物館』『冬の星座博物館』
地人書館（2005年）
＊渡部潤一・渡部好恵『最新惑星入門』朝日新書（2016年）
＊ LUDWIG MEIER, *DER HIMMEL AUF ERDEN*,1992.

【執筆者一覧】

佐々木勇太	（ささき・ゆうた）	旅する星空解説員
宮原里菜	（みやはら・りな）	彩りの星空解説員
西 香織	（にし・かおり）	星を詠む和みの解説員
小久保史織	（こくぼ・しおり）	笑顔の星空案内人
村山能子	（むらやま・よしこ）	星空を切りとる解説員
田畑祐一	（たばた・ゆういち）	星空 MC
村松 修	（むらまつ・おさむ）	伝説のプラネタリアン
永田美絵	（ながた・みえ）	癒しの星空解説員

プラネタリウム解説員《かいせついん》が本気《ほんき》で伝《つた》えたい

星座《せいざ》と星《ほし》めぐり

2024年12月25日　初版発行

著　者　コスモプラネタリウム渋谷《しぶや》
　　　　星空解説員《ほしぞらかいせついん》・永田美絵《ながたみえ》ほか

発行者　安 部 順 一

発行所　中央公論新社
　　　〒100-8152　東京都千代田区大手町1-7-1
　　　電話　販売 03-5299-1730　編集 03-5299-1740
　　　URL　https://www.chuko.co.jp/

ＤＴＰ　今井明子
印　刷　大日本印刷
製　本　小泉製本

Published by CHUOKORON-SHINSHA, INC.
Printed in Japan　ISBN978-4-12-005869-1　C0044
定価はカバーに表示してあります。
落丁本・乱丁本はお手数ですが小社販売部宛にお送りください。
送料小社負担にてお取り替えいたします。